井上洋司　著

ローメンテナンスでつくる
緑の空間

彰国社

[デザイン] 小林義郎

はじめに

　都市とその周辺の緑地は減少している。個人庭園の減少、農地の消滅、中山間地の減少が主な原因だ。これはまた従来の緑の管理法やその技能者、緑地の担い手が消滅しつつあることを意味している。

　さらに"緑の管理はお金がかかる"という呪縛が街から緑を喪失させている。このことは従来の「緑の空間」のつくり方、維持管理方法が今の状況に合っていないことも意味している。

　一方、地球的規模の温暖化問題などの議論は華やかである。しかし本書では、概念としての緑の議論ではなく、実際に緑の効能を感じてもらう空間を身近につくる作法をテーマにしている。人口の減少と高齢化社会に向かう日本でいま求められるのは、より維持管理のかからない「新しい緑の空間」のつくり方の提案である。本書では、1つの建築物をつくるとき、その外部空間を緑の空間にしたい場合のちょっとした緑の技法や知識を、少ない維持管理作業を前提として整理し直してみた。結果的に従来の庭園では行われない植物の使い方にも言及している。

　日常的な緑の効能を人が実感して、初めて人や街を繋げるのに緑が最もふさわしいものであることが理解されると思うし、大きな意味での自然環境保護・保全の意義を理解できると考えるからである。もうひとつ著者には"緑が地球上で唯一の生産者であり、ほかの生き物はすべて消費者である"という認識がある。つまり生産者・緑をないがしろにして消費者・人間だけが生き延びることはできないと考えている。

　その意味からすると本書は新たな緑の空間を問う「作庭の本」であるともいえる。

バージニア・リー・バートンに捧げる

2014年 春／著者

目次

はじめに 3
この本の読み方と注意点 6

1章
緑の空間に求められる3つの機能

1. くぎる 8
2. つなげる 12
3. かこむ 16
[コラム1] 馬の背丈と街路樹の関係 20

2章
緑の空間をつくる3つの部位

1. 緑の床をつくる 22
2. 緑の壁をつくる 26
3. 緑の天井をつくる 30
[コラム2] 薪ストーブで緑が守れる？ 34

3章
緑の空間をつくる方法

1. アプローチをつくる　36
2. 小さな森をつくる　40
3. 水辺の緑の空間をつくる　44
4. 自然樹形を生かす　48
5. 緑のオブジェをつくる　52
6. ポイントをつくる　54
7. 食べられる緑の空間をつくる　56
8. キッチンハーブの庭をつくる　60
9. 守る・隠す空間をつくる　62
10. 彩りのある空間をつくる　66
11. 車と緑のスペースをつくる　68
12. もう一つの屋上緑化を考える　72
[コラム3]　隣に迷惑のかからない植栽方法　75
13. コケの庭をつくる　76
14. 法面を緑化する　78

緑の空間をつくるための「まめ知識」　81
緑の空間に活用できる「植物リスト」　84
おわりに　101
主な参考文献　102
索引　103

この本の読み方と注意点

　本書は、基本的にメンテナンスが容易な「緑の空間」をつくるための緑の種類と技法に関して述べている。そのために「緑でつくる空間」の役割と部位をそれぞれ3つに整理し、これを応用した具体的空間例を挙げている。

　部位としての3つはそれぞれ「床」「壁」「天井」に分けているが、年1回程度の管理で、これに活用できそうな植物を巻末リストに挙げている。さらに、上記3つ以外に、「彩る」「自然樹形を生かす」「小さな森をつくる」「ポイント・シンボルをつくる」「水辺をつくる」「土を肥やす・作物を育てる」「食べられる緑」の7つの本書で挙げている具体的活用例に対応した植物をリストとして整理している。

　世界中には20万種とも30万種ともいわれる植物があり、緑の空間をつくるには、さらに多くの植物の知識が必要であることは、誰しも理解できることであるが、最低限本書で扱っている植物を知っていれば、一応思うような「緑の空間」をつくれるはずである。

　また、特に「緑の空間」をつくるのに大切と思われる事項を「まめ知識」としてまとめ、本文の注釈に対応させている。

　そしてこの本を読んでいただくに当たっていくつかの注意点がある。

- 本書で挙げている樹種などは、メンテナンスの容易なものから選んでいる。
- 植物の名前は、基本的に商品名を避けている。
- 本書で扱っている樹木の一部には、未だ生産量の少ないものがある。
- 利用できるすべての樹種を列記していない。また関東地方を基準に植栽の選択をしている。各地域への適合の詳細は確認して利用する必要がある。
- 植物の特徴の一部のみ記載しているので、地域、地方によっては本書での使い方ができないこともあるので注意して欲しい。
- 本文右欄に挙げている植物には巻末リストでは触れていないものもある。

1章
緑の空間に求められる3つの機能

今まで、街の中での緑の役割は、
あまり明確にされることなく、
曖昧なまま植栽が施されてきたが、
ここでは大きく3つの機能を明確にすることで
空間の意味をつくる一歩としたい。

1. くぎる

　空間をつくろうとする場合、最も基本的なつくり方はものを使って空間を区切ることである。

　植物を使って区切る場合、よく使われるのが「生垣」である。生垣には、家屋を強風から守れるくらい高い「高生垣」から、花壇の縁(ふち)に使う背の低い「生垣」まで様々ある。

　ヨーロッパには、古くから"くぎる"ことだけで庭園を構成する「迷路庭園」のようなものがある一方、日本にも桂離宮の周りに「笹垣」といわれる生きた笹竹を編み込んだ生垣がある。これはいつも青々しているだけでなく、桂川の氾濫があっても、根の丈夫な生きた笹竹を使うことにより庭を守り、そのうえ、敷地確認が容易にできる優れた技法である。

　このように昔からある"くぎる"ことは、外部の空間をつくる基本であり様々な技法もあるが、その基本的なパターンは4つに分類される。

①視覚的に遮断し、人の行動も制限する（いわゆる生垣）。
②視覚的には見えるが、人の行動を制限する。
③視覚的には見え隠れするスクリーン的な役目を果たしかつ、人の行動を制限する。
④視覚的にも遮断せず人の行動も制限しないが、何となく空間を分離する。

　これらの組合せを示すのが右図である。

迷路庭園：古くは、中世の修道院でつくられたとあり、また12世紀のイングランド王ヘンリー2世が愛人を妻からかくまうために迷路園に家を建てて住まわせたという逸話もある。イギリス、ハンプトン・コートの迷路園が有名。

1章　緑の空間に求められる3つの機能

(1) 生垣で区切る

　行動を制限し、かつ視覚的なコントロールをするもの。基本的には常緑樹がよい。刈込みに強く、病気、虫などがつきにくい植物を選ぶ。落葉樹で生垣をつくるときは、上記以外に枝が密生する性質のものがふさわしい。

生垣にすすめられる樹種は、葉の小さいもののほうが整形がしやすく、狭い空間に向いている
▶ p.28 参照

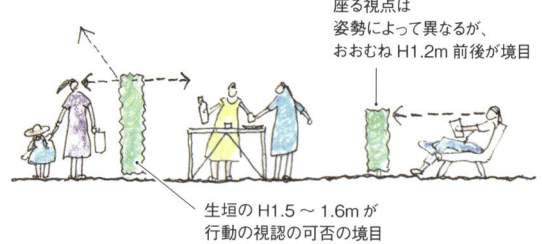

(2) ラインを引く

　緑を使ってラインを引くことで、人に注意を促す。ゆるやかに空間を区切る。

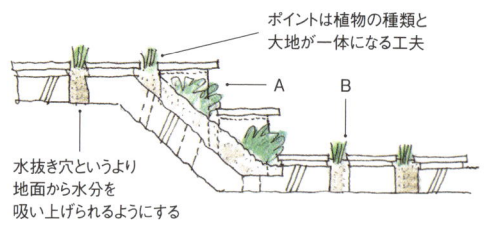

次の施設への動線を暗示させつつゆるやかに区切る（鶴岡市）

A：日陰に強い常緑地被類を利用する。
B：踏圧に強い常緑地被類を利用する。
▶ p.22 参照

(3) 門をつくる

　2本の樹木の枝を時間をかけて門型にするには、はじめに補助構造材で型をつくる。

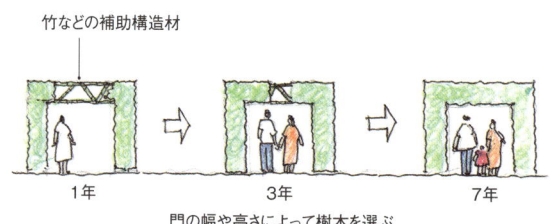

大きな門型の例

(4) ネット等との組合せによって薄く緑で区切る

ツル植物が絡む前のネットと絡んだ後のネット。緑で道路と敷地を区切る

(5) 立木で空間を穏やかに分離する

　基本的には落葉樹か常緑樹、どちらを使うかで空間はかなり変化する。落葉樹は基本的に下枝がない仕立てが多いため、空間を何となく区切るのに向いている。また常緑のコニファー類を使うと、パース的に見た場合、壁のように見えて空間をかなりはっきりと区切ることができる。

下枝のある
常緑のコニファーは
空間をはっきり
区切ることができる

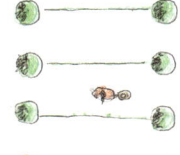

立木の間隔は
木の葉張り、樹種、
道幅によって異なる。
左図の場合は、
およそ道幅 3m で
間隔は 1.5m が目安

(6) 低く区切る

　ある領域を明確に区切りたいが、人からはよく見える状態にしておきたいところなどは、緑を使ってやさしく区切りたい。

駐車スペースの
"くぎり"を低木で行った例。
車がないと足元の緑が
つながって見える
(千葉ニュータウン)

1章　緑の空間に求められる3つの機能

2. つなげる

　緑の空間をつなげる、これは前節の「くぎる」と全く逆の行為と思われがちだが、実はきわめてよく似ている。
　建築には納まりという言葉があるが、その基本は、素材を完全に接合するか離すかのどちらかであり、それによってすべての空間ができていると言っていい。だが、外部空間の場合、素材が植物であることもあり、建築とは微妙に違う。
　「くぎる」と「つなげる」に分けた場合、ちょっとしたことでこれが変わってしまう。右の図で、テラスの前に整形された大きな樹木がある。この木の枠によって、まず遠くの景色が切り取られているが、視線はさらに奥の緑へ繋がり、緑の空間を意識的に繋げていることにもなる。つまり、心地よい緑の空間が枠に切り取られ、繋がる。
　さらに並木道のように、同じ樹木を繋げることで、人間の意識と行動を繋げることもできる。その好例が東京・神宮外苑にある銀杏並木で、その先の絵画館に誘うように、空間と行動の連続性を生んでいる。
　また空間を仕切りつつ、行動を連続させる方法もある（▶ p.15（4）参照）。建築が3次元で囲まれた空間をつくるのに対し、植栽による空間は、その多くが自然という大きな屋根に包まれているために、単純に「くぎる」「つなげる」にならないということである。

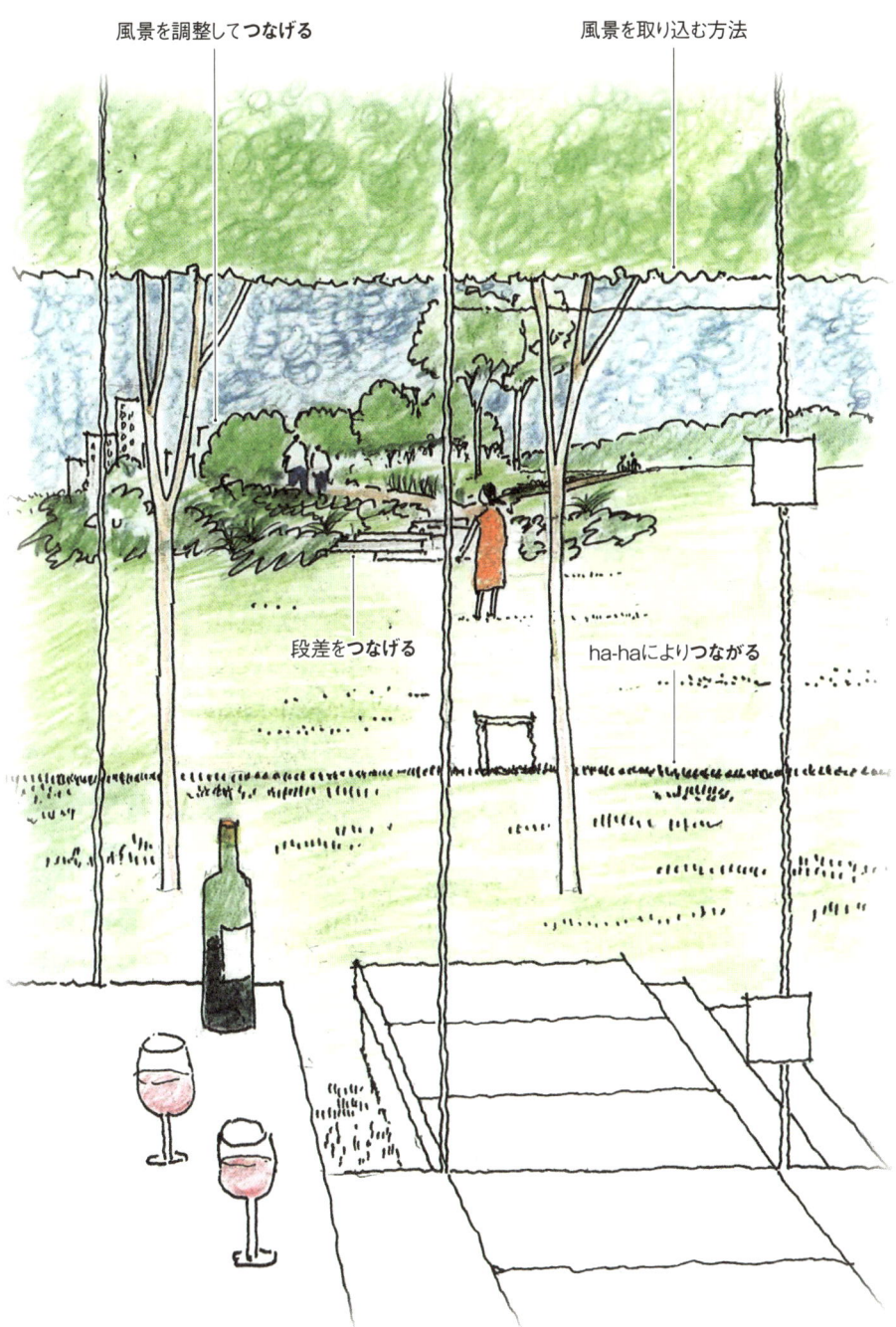

1章 緑の空間に求められる3つの機能　13

（1）空間は切れるが緑を繋げる

　本来、別の機能空間であるのに、緑の一体感があって繋がっているように見せる手法がある。"ha-ha（ハハァ）"と呼ばれるこの方法は、"sunk fence"（直訳すると、沈められたフェンス）、すなわち空堀による境界によって、鹿などの動物の活動をコントロールする工夫の一つとして古代からあったものだ。活動は分離していていても風景は「つながっている」わけだ。

ha-ha（ハハァ）：古代から家畜・野生動物などの活動をコントロールする方法としてあったが、18世紀のイギリス風景式庭園の手法として、チャールズ・ブリッジマン（1690-1738）が確立した。

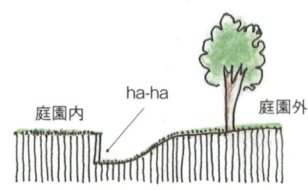

（2）同じ植栽で空間を繋ぐ

　民地と公地が複雑に入り交じっているところでも、お互いに同じ植物（例えば匍匐性(ほふくせい)のある緑）を施すことで、その場所は一体に見える。

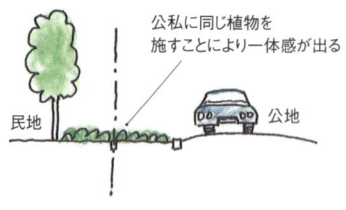

この手法で狭い戸建敷地を広く見せる（志木市）

（3）よけいな風景を取り除き繋ぐ

　この手法は日本の伝統的造園技術である「借景庭園」に多く使われている。見せたくないものを手前に樹木などを置くことで隠し、緑の空間として繋ぐ方法だ。

借景庭園：庭園構成において外部景観の眺望が主景となる庭園。

借景（緑）を使って空間を繋げる（円通寺）

(4) 段差のある空間を繋ぐ

　植栽の配置で、空間を繋げる方法。低木は視線を遮ることなく、配置によって人の動きを変え空間的に繋げて見せる。階段部分を緑で「くぎる」ことでさらに「つながり」が増す。

(5) 植栽で行動を繋ぐ

　緑は並木道の例を出すまでもなく、行動の連続性を演出できる。違う植栽が続く道をつくれば、行き先やその先の空間の内容が違うことを暗示できる。

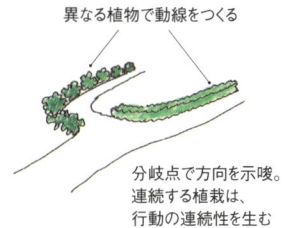

(6) 生態的な繋がりを生む

　幅3.5mぐらいまでの道であれば樹木の枝が重なり、小動物は樹木上の往来に支障がないようだ。しかし、樹木上を行き来できない動物のために、道路下にトンネルがあるとよい。

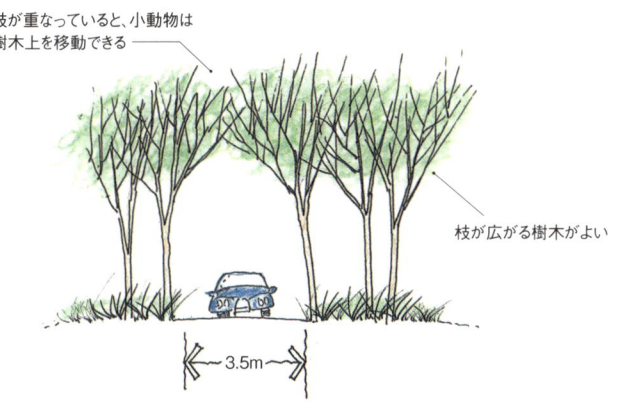

1章　緑の空間に求められる3つの機能

3. かこむ

　緑で囲まれた空間には様々なイメージが含まれる。まるでジャングルのような空間は、文字通り緑に囲まれた空間であるし、日本人ならイメージしやすい鎮守の杜もそんな印象をもつ場所だ。しかし、一般に人が囲まれていると感じる「かこまれ」具合は、広場などの研究によってかなり明らかになってきている。緑に囲まれることで、その空間は柔らかな感じになり、親しみやすくなる。やたら広い空間はある種、親密性を感じにくいが、かといってそれらを物理的に細分化するには大変な労力がいる。ところが植物で囲むことによって、大きな空間を親しみやすい空間にし、さらに建築として出来上がっている空間の質を変えることなく、潤いのある空間が提供できる。その具体例が、パリのヴォージュ広場である。王政時代には軍事セレモニーなどに使用された大きな王宮広場だが、革命後、市民の広場として開放された。何度かの改修の後、現在のような親しみやすい広場に変身したのは、緑で囲んだ植栽計画があったからだ。

　緑で囲むことは、親しみやすさを生むだけでなく、ものを隠したり、紫外線や風や埃から建築物を保護したり、プライバシーを守ったり、なによりも夏の"涼"を提供することができる。

広場の研究の参考書
・三浦金作著『広場の空間構成』鹿島出版会、1993
・芦原義信著『外部空間の構成』彰国社、1962
・C. ジッテ著、大石敏雄訳『広場の造形』鹿島出版会、1983

ヴォージュ広場：パリ・マレ地区にある、アンリ4世が1612年につくったパリで最古の広場。革命後、現在の名になった。

A・B：同じように囲まれていても
人が受ける印象は
Aは曖昧で、Bは明確に感じる

1章　緑の空間に求められる3つの機能

（1）高さによる"かこまれ"感を知る

　仰角で、およそ18度は何となく囲まれていると感じ、それ以下になると次第に囲まれた感じがなくなる。27度あたりが最も囲まれた感じが強く、45度以上になると閉塞感に繋がる。

"かこまれ"感：「メルテンスの法則」あるいは「D／H理論」。19世紀ドイツの建築家、H.メルテンスによって提案され、多くの実務家によって使われている理論。

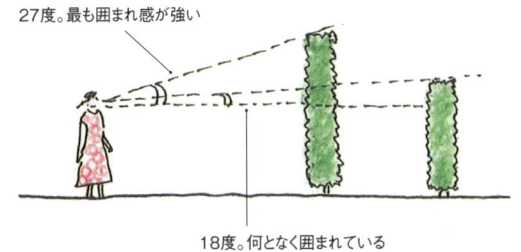

（2）平面による"かこまれ"感を知る

　この種の明確な研究はないが、個人的経験則から人の歩幅のおよそ倍、幅1.2m以上で囲まれると、何となく囲まれた感じになる。これは、両端から手を伸ばして、大人の手が届く範囲と合致する。囲まれたり、離れたりする緑の空間づくりに使えると考えている。

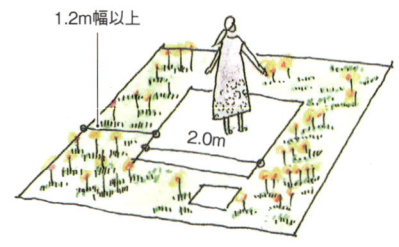

（3）樹種による"かこまれ"感を知る

　図のように竹で囲むことにより、植栽の幅にもよるが適度な囲まれ具合を演出できる。同じ幅であっても、ツゲやプリペット等、樹種により空間の雰囲気や囲まれた感じが異なってくる。さらに季節、照明でも

おおいに雰囲気が変わる。

スホウチク
▶ p.96「植物リスト」参照

植栽の種類により、空間が変わる

(4) 自然樹形で囲まれる

都会で自然の樹木に包まれることは難しいが、自然な樹形で囲まれるとき、人は整形木で囲まれたときとは全く異なる情緒をもつ。庭にほんの少しでも樹木で包まれた場所があれば、自分だけの瞑想空間をつくってもいい。

狭くても補助構造材を使うと、小さな緑の空間が確保しやすい

(5) 統一感のある"かこまれ"方をつくるコツ

自然は様々な様相を呈し、樹木もそれぞれ樹形が違う。そのような樹木を普通に植えても統一感は出ない。また、人は緑の樹種だけで統一感を感じるわけではない。統一感のある"かこまれ"た空間にするために、特に大切なのが、下枝の高さをそろえることだ。背丈の伸びはコントロールしにくいが、下枝をそろえるのは比較的たやすい。

統一感がない

⇩

統一感がある

コラム1　馬の背丈と街路樹の関係

ヨーロッパの街路樹の下枝が、同じ高さになっているのは、一説には馬が木に繋がれているとき、下枝の葉を食べたからだという。この話の真偽は定かでないが、視線の安定を生むこの方法は、中国・西安市でも見かけた。樹種は確かエンジュだったと思うが、それが高さ3.5mほどの所で棒のように切られていた。当然、いずれその先から発芽し、枝が伸びるはずだ。そうすれば、高さ3.5mの下枝の整った街路樹が生まれる。ヨーロッパでは下枝の高さをそろえて街路樹を植栽するが、こんな少々奇妙な方法もあることを知った。都市空間をもつ歴史の長い国の多くが、ある決まりをもって街路樹の栽培や施工をしている。下枝の高さがバラバラな日本の都市の街路樹は、日本の庭園文化の延長に都市緑化があることを象徴しているのかもしれないが、そろそろ日本的な都市緑化理論をつくり、街の緑を豊かで快適にしたいものだ。

馬が食べに来て、
下枝の高さが一定になった
ともいわれている

2章
緑の空間をつくる3つの部位

この章では、緑の空間を3つの部位に分けて、
それぞれの部位でできることと
それに適合した樹種の性質、該当する樹種を示す。

1. 緑の床をつくる

　緑の床とは、奇妙な言い方であるが、緑で薄く地面あるいは床が覆われている状態、例えばシバの庭をイメージするとよい。シバの庭はスポーツや子供たちが駆け回って遊ぶのにもよいが、入れない緑の床があってもいいし、花畑のように一面植物に覆われた床があってもいい。

　そもそも「シバ」で床をつくることが考えられたのは、古代ヨーロッパであるが、日本でも平安時代に書かれた『作庭記』に「シバ」が登場する。

　しかし、シバの発展は、スポーツ競技と密接に関係している。世界サッカークラブ選手権が国立競技場で行われたとき、コウライシバを緑色に染めて競技をしたという笑い話のような事実がある。そのことを発端に、ウィンターオーバーシーディングという、シバの上に寒くても成長する冬シバの種子をまく技術が採用され、冬でも緑のシバのグラウンドが提供されるようになった。これはもともとゴルフ場などのグリーンを保つための技術の一つであるが、もっと言えばシバそのものの品種改良も、オリンピック開催地との関係で発展してきた。シバが激しいスポーツを美しく安全にサポートして発展したのと同様に、美しい緑の床をつくる技術があっていいと思う。ただ、基本的に日当たりがよい場所を求める緑の床は、一部の種類を除いて狭い庭には不向きであることを理解しておく必要がある。

夏シバ・冬シバ
▶ p.85「植物リスト」参照

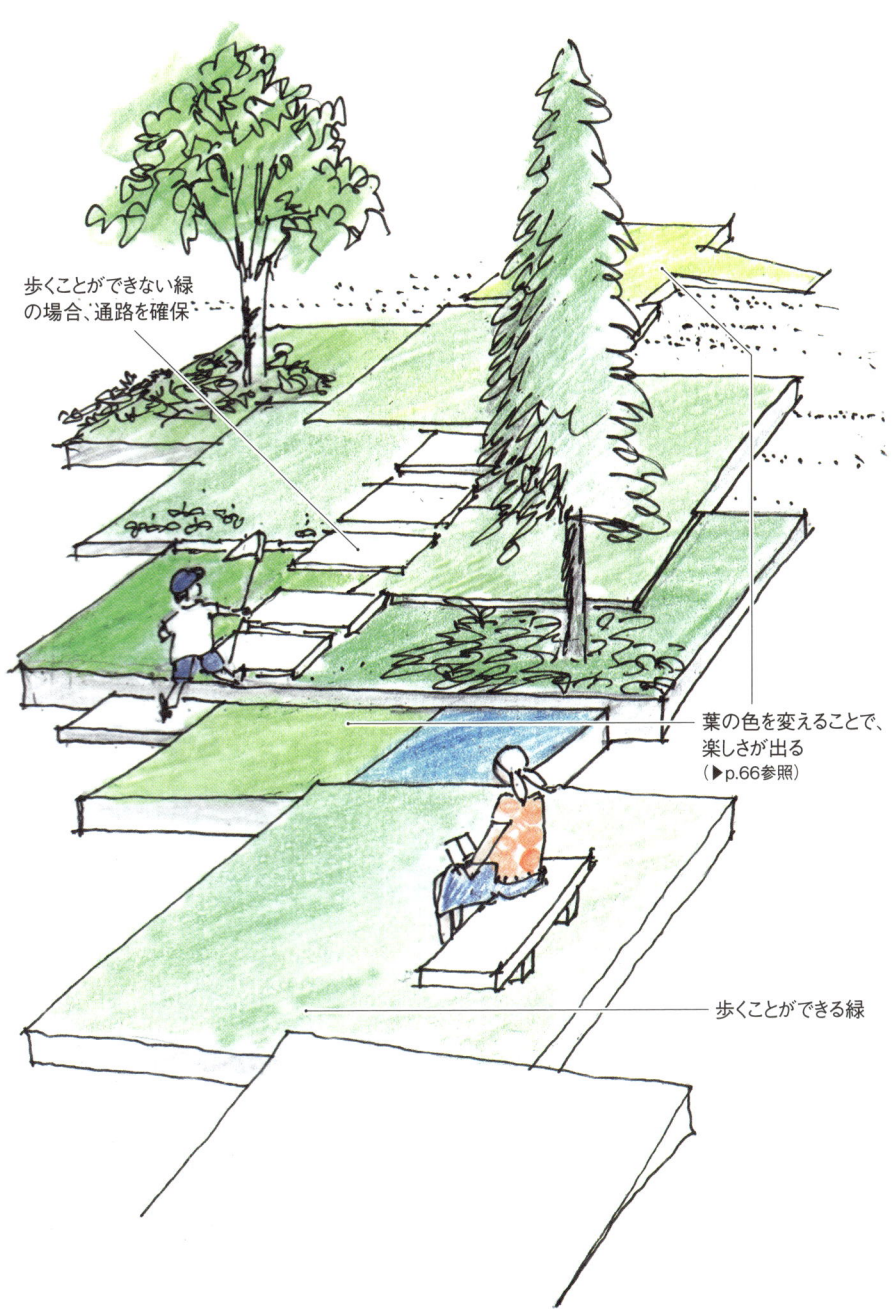

歩くことができない緑の場合、通路を確保

葉の色を変えることで、楽しさが出る
（▶p.66参照）

歩くことができる緑

2章 緑の空間をつくる3つの部位

（１）シバの床をつくる

ノシバ、コウライシバ、ヒメコウライシバなどがある。これらはそれなりに丈夫であるが、冬は茶色になるため、冬でも緑が欲しい場合には、ウィンターオーバーシーディングで、フェスク類（トールフェスクなど）をまくとよい。ほかにも様々な種類がある。

（２）花が咲き乱れる緑の床をつくる

通常歩いてよい場所ではないだけに、花が咲いている中を歩くのは贅沢な感じがする。そのような場所に最適な、床をつくる花の種類を右に挙げる。

ハナニラ
シバザクラ：フロックス属と組み合わせると面白い。ほかにツルハナシノブ。
サギゴケ
▶ p.85・86「植物リスト」参照

ほかに、ユリ科、キク科のものがメンテナンスを考えると使いやすい。

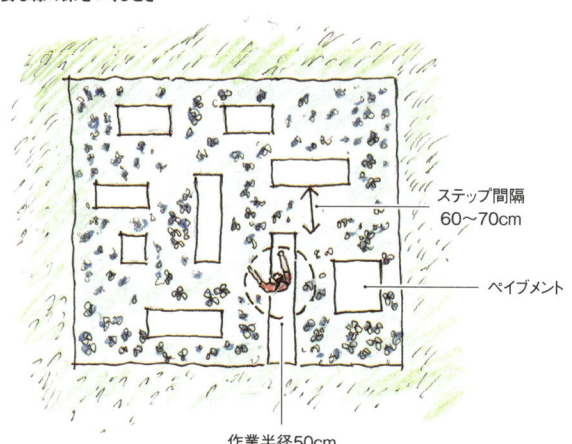

管理が必要な緑の床のペイブメント
作業半径 50cm
ステップ間隔 60〜70cm

多様なメンテナンスが必要な緑の床をつくるとき
ステップ間隔 60〜70cm
ペイブメント
作業半径50cm

タマリュウにハクリュウ。色の違いがよく分かる

（3）管理不要の緑の床をつくる

　管理不要といっても、植物である以上、最低限の管理は必要である。適している植物の種類として下記のものがある。

ディコンドラ：東京都内であれば冬でも緑が保てる。
センチピードグラス
タマリュウ
コグマザサ、チゴザサ
▶ p.85〜87「植物リスト」参照

アレロパシー（allelopathy）
▶ p.82「まめ知識」参照

面をつくるのに適した植物の種類

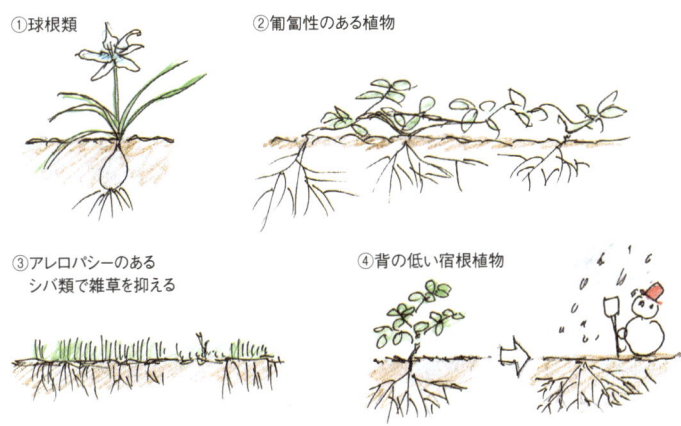

① 球根類　　② 匍匐性のある植物
③ アレロパシーのあるシバ類で雑草を抑える
④ 背の低い宿根植物

（4）色の違う床をつくる

　植物には様々な色をもつものがある。これらを組み合わせて、色とりどりの床をつくる（▶ p.66 参照）。

シルバー：ディコンドラ　セリケア、ガザニアシルバーカーペット、シロタエギク。
ブルー（青みがかった緑色）：ブルーカーペット、ブルーチップ、バーハーバー（春）、セダム類。
レッド：クローバー　ティントワイン、オタフクナンテン（冬）、ヒューケラ類には様々な色がある。
▶ p.88・89「植物リスト」参照

様々な色の植物を組み合わせた庭

（5）遠くから見たら床に見える場所をつくる

　例えば秋に水田の稲穂が延々と続く場所をイメージして欲しい。多少高さがあるが遠くから見たりすると一面の床のように見えたり、その群れが美しいアクセントになる花類がある。ここでもキク科やユリ科の植物が便利である。

2. 緑の壁をつくる

1章「1.くぎる」の節でも触れたが、生垣は、この部類に入る。ただここでは生垣という扱いではなく、"壁"という扱いで、植物を使ってみたらどうかということだ。防風林をイメージすると分かりやすい。

日本では建築構法が基本的に軸組構法であることから、"壁"で空間をつくることをイメージしにくい。壁を空間構成の基本要素と考えて、様々な空間演出に利用してきた欧米とは少し事情が異なる。

日本の場合、緑を壁として使う理由は、工法としての壁がなかった分、逆に緑で壁をつくる意味をより厳密に考えた節がある。写真の民家の防風・日除けの"壁"を見ても分かるように、風や日照から建築物を守る明快な機能が力強い風景をつくり上げている。

このような例は、3章でも再度触れるが、緑の壁が建築物と同等以上の規模になることもあり、町並みの構成にも大きく影響する。今また、このような緑の壁の機能が現代生活に合った使い方として求められる必要があると考えている。

家屋を守るシラカシの高垣

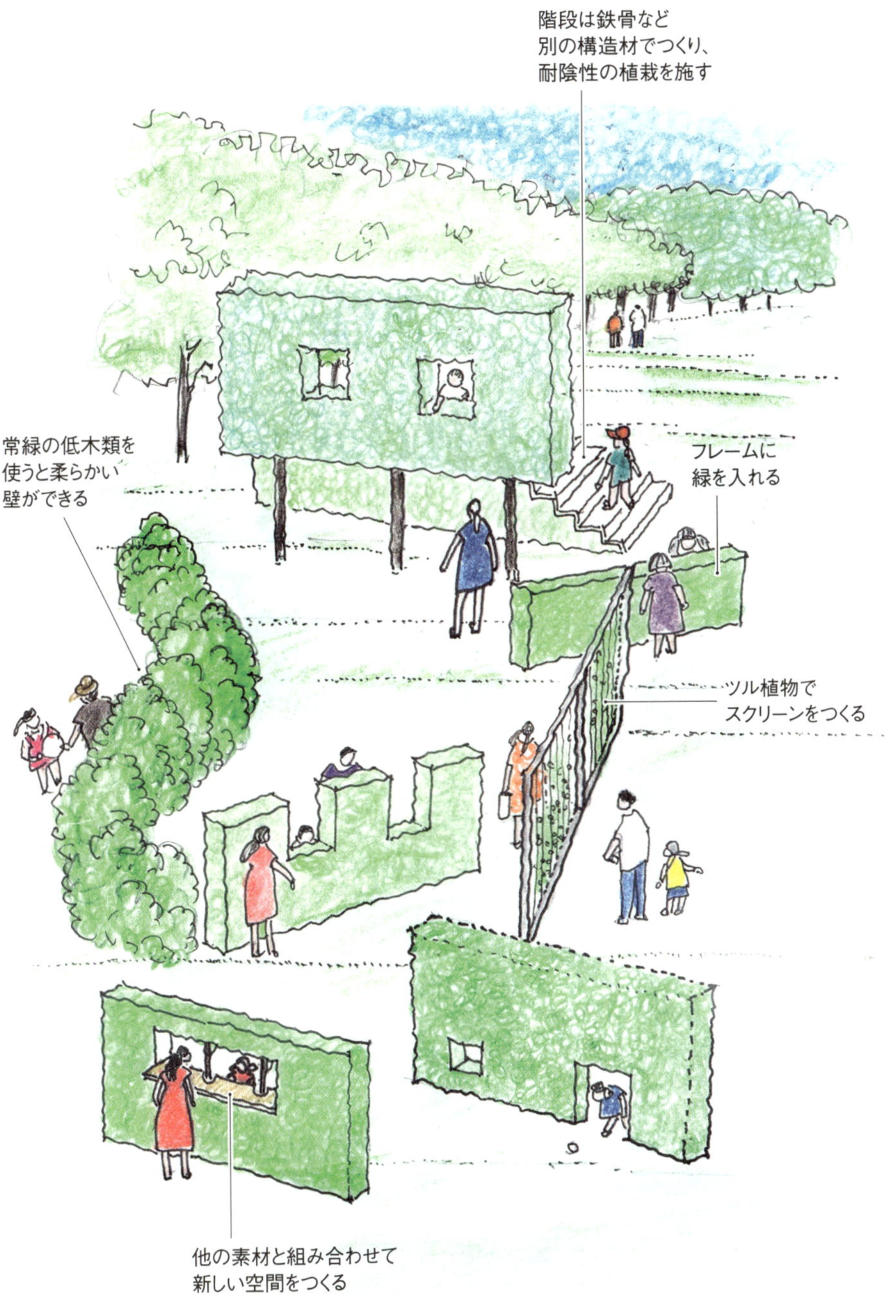

階段は鉄骨など
別の構造材でつくり、
耐陰性の植栽を施す

常緑の低木類を
使うと柔らかい
壁ができる

フレームに緑を入れる

ツル植物で
スクリーンをつくる

他の素材と組み合わせて
新しい空間をつくる

2章　緑の空間をつくる3つの部位　27

(1) ポイントになる高さを知る

① 1.5〜1.6m の高さ。それとなく雰囲気や気配を感じることができ、高さを人の目線くらいにする。このくらいの高さであれば、中木の樹種が生垣に使える。

② 中を覗けるが、入れない高さは1.5m以下で、低くしても中に入れないような壁をつくることも可能。例えば高さが70cmでも奥行きが1mであれば、かなり開放的ではあるが、簡単には内側に入れない。

③ 隣接地の気配を感じない壁。ある程度密度の高くなる樹木を用いる。樹木にもよるが、人の背の1.5倍ほどの高さで、厚みは60cm以上欲しい。高さが2.5mを超えると素人ではメンテナンスは難しくなる。

密度と高さが望める樹種：シラカシ、イヌマキ、カイズカイブキ。葉の密度が高い生垣は埃を防ぐ。

ビャクシン類は初めに設定した壁の厚みを後で薄くすることはできないので注意する

2.5m以下が素人でもメンテナンスしやすい高さの目安

(2) トレリス(trellis)による緑の壁をつくる

トレリス：▶p.64 参照

狭い場所で奥行きをとれないが、壁をつくりたいときにおすすめなのが、トレリスという方法だ。トレリスとは格子状という意味だが、植物を這わせる構造物のこと（▶p.11（4）参照）をいう。

高さは1.5mくらいまでがよく、それ以上は既製のネットフェンスでも補強支柱が設けられている。いずれにしても風が強く当たる場所では、ツル植物は成長せず、成長しても風圧に耐えることは難しい。

2.5m以上になれば、それなりの補強や建物からの支持が必要

メンテナンス用のキャットウォーク

（3）季節によって色の変わる壁をつくる

これは樹木がつくる壁だけに許されたものである。生垣といえば、大半が常緑樹を使ったものであるが、同じ常緑でも花が咲くもの、新芽の色が違うものなど多種多様であり、それを利用することで、新しい壁の創造が可能になる。

▶ p.90～92「植物リスト」参照

（4）窓のある壁をつくる

もし緑の生垣を壁と想定するなら、窓があってもいいはずだ。できれば葉が小さいほうがいい。樹木そのものに窓枠等をつけるわけではないから、枝も細かいものがよい。ここにもし扉をつければ、都合のいいときだけ、窓を開け、悪いときは閉めるといった、生垣とはひと味違う場所をつくることができる。

窓をつけることで、街の視認性を高めている

（5）野外の部屋やステージ

自立する植物は、それだけで、大きな壁をつくれるが、緑の中に浮かんだようなステージ等も可能だ。また樹木の密度や種類によって緑の壁に囲まれた、今までにない外部の部屋ができる。

正面から見ると緑の中に浮いて見える

3. 緑の天井をつくる

　緑の大きな役割の一つに木陰をつくることにより強い日差しを避け（夏場、緑陰では気温が2〜3℃低くなる）、人々が安らぐ「場」を提供するという役割がある。

　一方で、都市にふさわしい景観の要素として考える傾向が都市形成の過程で生まれた。この多くの基本技術はルネサンス期、イタリアにおけるヴィラの建設で開花した。建築空間が外部に広がり、建築的にコントロールされた様々な外部空間が出現する。いわゆるヴィラ建築の庭園、テラス式庭園の誕生であり、それを可能にしたのが剪定技術や刈込みの技術、さらに今でいうパーゴラの技術の発展である。

　最終的にこの技術の系譜が、ヴェルサイユ宮殿などの宮殿建築に使われ、やがてパリに代表される都市景観の形成に寄与することになる。いわば庭園の建築化の副産物として、整形樹木が生まれ、その中の一つとして、「緑の天井」の空間が生まれた。つまり、緑を使う新しい空間はここから始まったと考えられる。

　この空間技術は大きく2つに分かれる。
①樹木のみで形成するもの。
②構造物を伴うもの（例えば、パーゴラみたいなものを想像すればいい）。

ヴィラ建築により発展した庭園の技法：シャルデーノ・セグレト（隠れ庭）、ベルベデーレ（美しい眺め）、グロッド（人工洞窟）、カスケード（階段滝）、ビスタ（通景線）、ノット花壇（結び目花壇）。

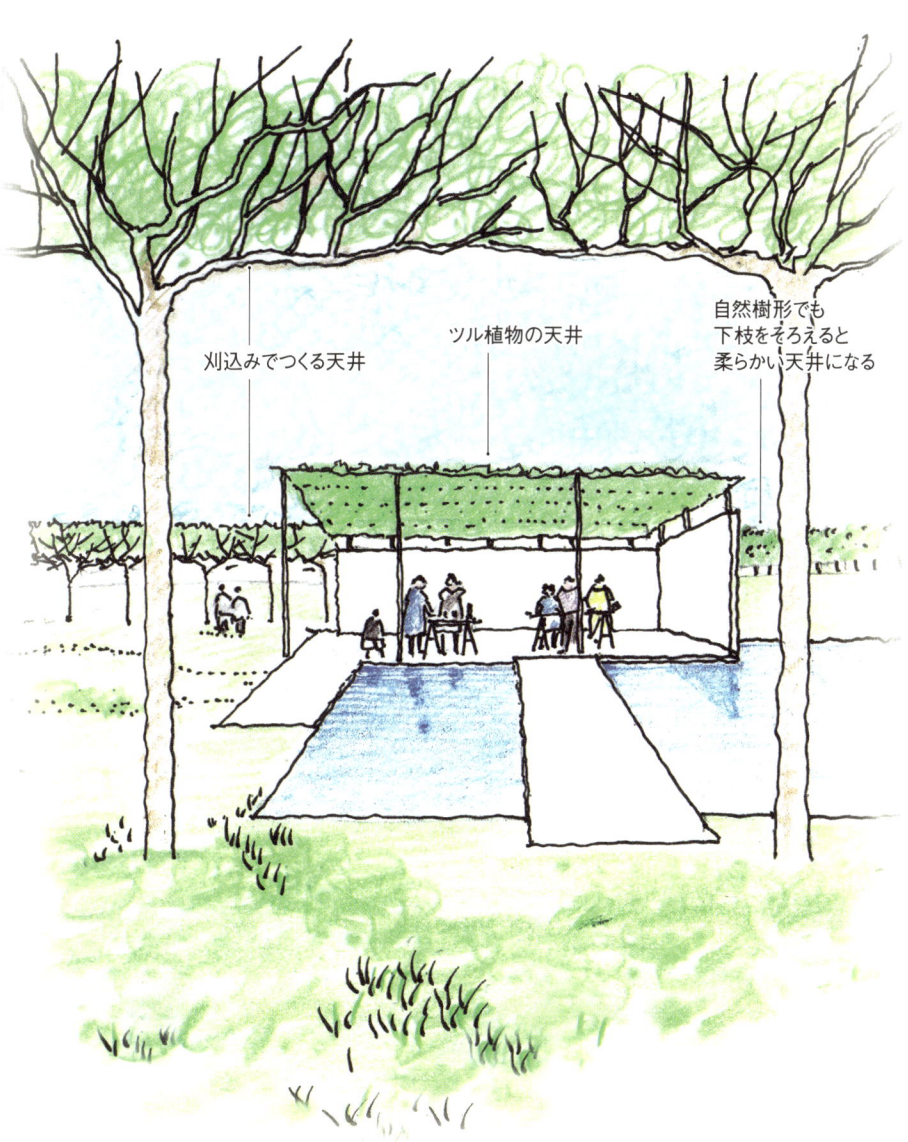

2章　緑の空間をつくる3つの部位

（1）樹木だけで天井をつくる

天井による空間ができるまでには、少なくとも数年はかかるため、気の短い人にはすすめられない。樹木は刈込みに強く、毎年新しい枝が出てくる丈夫なものを選択する。またはじめは補助の構造材を使うことが多い。単純な整形であればメンテナンスの剪定は容易になる。

常緑：シラカシ、イヌマキ。
落葉：トウカエデ、コブシ。
▶ p.92「植物リスト」参照

ほかにイチョウ、プラタナスなど。

補助の構造材：竹の構造材に若枝を棕櫚縄で縛り付け、樹形を整える。

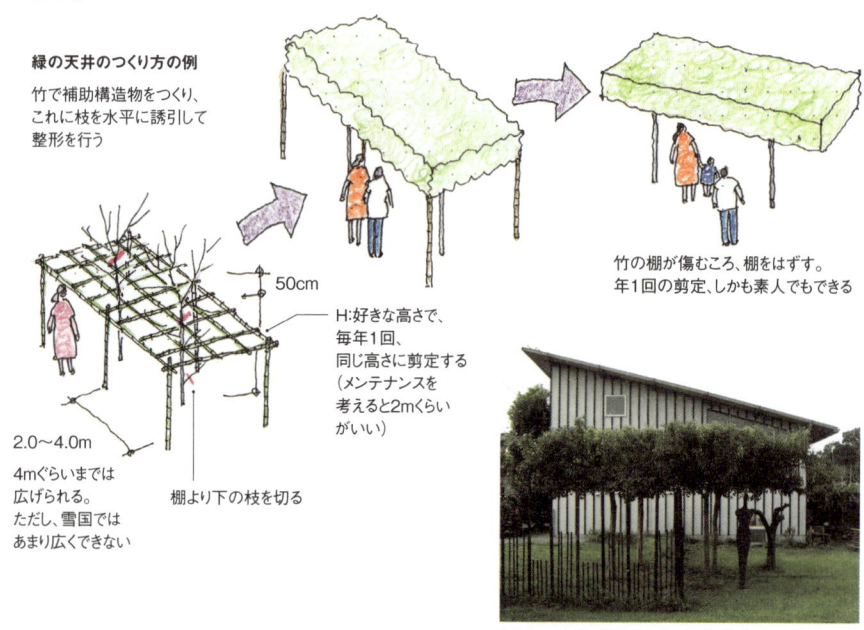

緑の天井のつくり方の例
竹で補助構造物をつくり、これに枝を水平に誘引して整形を行う

H：好きな高さで、毎年1回、同じ高さに剪定する（メンテナンスを考えると2mくらいがいい）

2.0〜4.0m
4mぐらいまでは広げられる。ただし、雪国ではあまり広くできない

棚より下の枝を切る

竹の棚が傷むころ、棚をはずす。年1回の剪定、しかも素人でもできる

トウカエデ。整形5年目。年1回の剪定でおおよその整形を保てる

（2）構造物を使う

あらかじめ天井の形を樹木や植物以外でつくっておいて、これに植物を繁茂させる方法。ペンデュラ（枝垂れ系）の樹種を利用することで、自由な緑陰空間をつくることができる。

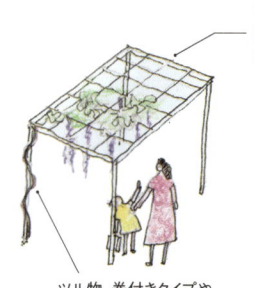

昔からある藤棚は、構造材を使った緑の天井の原型

ツル物、巻付きタイプやペンデュラ系を使う

ペンデュラ：▶ p.50 参照
▶ p.93・94「植物リスト」参照

ツル物は多くがマント植生だから光の当たる先端部のみの葉が茂り、途中が木質化する。天井だけに緑が欲しい場合は、この性質を利用する。

マント植生：林縁を好んで生育する小低木やツル植物のこと。防寒用マントを羽織るように樹林の周りを囲むことからこう呼ばれる。

自由な形の日陰をつくることができる

春に花の咲くクレマチスアルマンディー（長尺もの）を使ったパーゴラ。植栽後4年目ぐらい

落葉：枝垂れ系の樹木、シダレカツラなど花が咲き、天蓋をつくるのに適しているもの。
ツル植物：フジ、ノウゼンカズラなど。
常緑ツル物：ハゴロモジャスミン、クレマチスアルマンディー、ツルハナナスなど花が咲き、天蓋をつくるのに適しているもの。
▶ p.93・94「植物リスト」参照

コラム 2

薪ストーブで緑が守れる?

　薪ストーブ利用の家で、どのくらいの雑木林が維持できるかを考えてみた。関東地方だと、ストーブの薪は1軒当たり年におおよそ3m³使うという。枝まで含めての体積を求めるのに、仮に平均直径8cm、長さ12mの木だとすると、51本必要になる。雑木林としてはやや密度高く10m²当たり2本くらい植栽すると、約255m²の面積が必要となり、木が使えるまでに成長するのに8年かかるとすれば、2,040m²の雑木林に家を1軒建てれば、毎年、薪ストーブのある生活を永久に送ることができる。逆の言い方をすると、薪ストーブの家が1軒あれば、約2,000m²の雑木林を維持管理できることになる。これはおおむね45m四方の土地になる。

　ところで、よく人間の表情が分かる距離は25m前後までといわれているが、この45m四方の敷地の真ん中に家を建てると、この家の境界までが、おおよそその距離になる。家にいて近づいた外敵をつぶさに観察できる距離、つまり人間のテリトリーと、このサステナブルな林の大きさが一致するのは、単なる偶然なのだろうか。

3章
緑の空間をつくる方法

ここでは、様々な具体的空間例を挙げ、
その外部空間をつくるときのポイントを示す。

1. アプローチをつくる

アプローチで思い出すのは、ル・ノートルの設計したヴォー・ル・ヴィコント城の1km以上の壮大なアプローチの街道だ。しかしこのような広大な面積を使わなくても素晴らしいアプローチ空間の原理が日本にはある。

茶庭がそれで、よく考えられたアプローチ空間の原理と原則をもっている。飛び石は茶庭にはつきものだが、これは足元を見ないと歩けない。このことを利用して様々な演出がされている。例えば亭主が中門まで客を迎えに行く石（亭主石）は客が到着する石（客石）より小さく、亭主はいやがうえにもかしこまって客を迎える。

それ以外にも様々な仕掛けが石に施されている。
踏分け石………動線が分岐するところには比較的大きな石を置き、あたりを見渡せるように仕掛ける。
物見石………見てもらいたい灯籠や樹木のある所は、大きな飛び石にして足を止めてもらうように促す。
貴人石………待合で一番大きな石はメインゲストが座る席を表す。

つまり、茶庭の場合、"飛び石"という要素のあり方で人の動きを誘導しているわけだ。このことを考えながら、"緑"を利用したアプローチを考えてみると、ル・ノートルが編み出した幾何学的なアプローチのつくり方とは違う、アプローチの演出原理を知ることができる。

ヴォー・ル・ヴィコント城へのアプローチ

茶庭の飛び石の原則図

足元への注意後、
空間が変化

アイストップ

視線は直線方向

開けた視界

3章　緑の空間をつくる方法

（1）継起的空間をつくる

すべてはこの言葉に尽きる。"継起"とは次から次に何かが起こることと考えればよい。空間だけでなく文化的背景が包摂される場合もある。回遊式庭園の和歌に詠まれた風景などを展開していくことも継起的空間としていいが、視線のコントロールで、次々に空間の変化を楽しめるようなアプローチと言ったほうがより分かりやすい。

回遊式庭園：池泉の周囲に設けられた園路を歩くことにより、名所・旧跡の風景を再現した庭を順次観賞して楽しむことができるようにつくられた庭園。
▶ p.44 参照

（2）同じものが一定の間隔で続くと視点が定まる

道幅や立木の間隔が同じでも、樹形によって生まれる空間は随分違って感じられる。Aの場合、晴れやかな気持ちで、視線は直進に定まる。一方Bの場合、視線は一点に定まるかもしれないが、包まれている感じが強い。緑が鬱蒼としていると早く抜け出したい気持ちになり、若葉や紅葉のときはいつまでも包まれていたい感じになる。

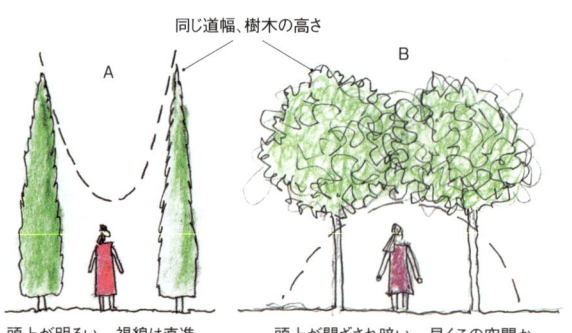

同じ道幅、樹木の高さ

A：頭上が明るい。視線は直進。狭い所で方向性を強める樹形

B：頭上が閉ざされ暗い。早くこの空間から抜け出したいと思う樹形。ただ、若葉や紅葉のときはいつまでもいたくなる

昭和記念公園

（3）目を留める

いわゆる"アイストップ"により、進行方向に進むことを促す方法。図のように普段は周りのものと全く異なるもの、彫刻などがアイストップになるが、季節によって変化する植物を使うことも考えられる。

アイストップ：人の目線が留まるような場所、位置のことをいう。

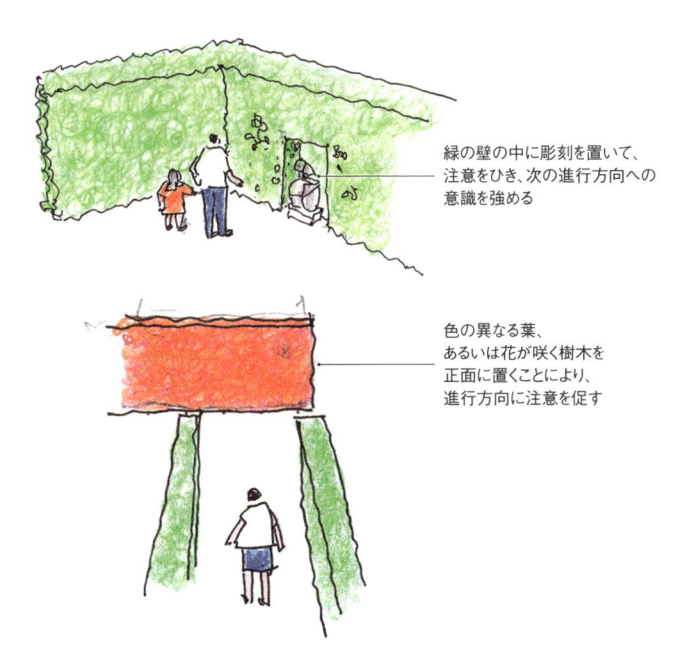

緑の壁の中に彫刻を置いて、注意をひき、次の進行方向への意識を強める

色の異なる葉、あるいは花が咲く樹木を正面に置くことにより、進行方向に注意を促す

（4）足元に注意を促す

　空間の変化を演出したいときの方法である。視線が足元に集中していると、目を上げたときの周囲の変化により、空間をより強く認識することになる。水面の中の飛び石（▶p.37参照）や急な階段を使う手法もある。社寺などの本殿や本堂前の階段に必要以上に急なものがあるのは、このような演出を考慮している場合が多い。

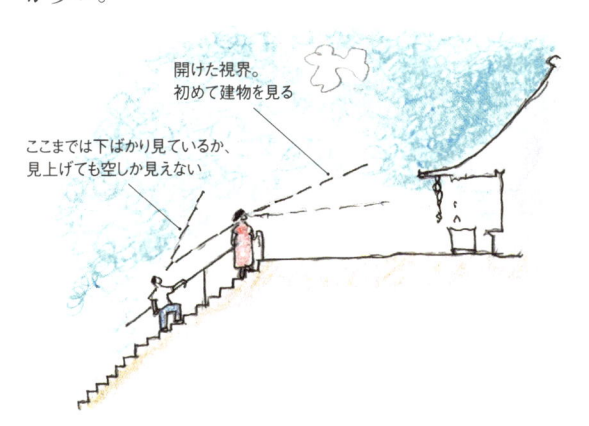

成田山新勝寺の階段。登るときは空しか見えない

階段を登り終わると、本堂がいきなり目に入る

開けた視界。初めて建物を見る

ここまでは下ばかり見ているか、見上げても空しか見えない

3章　緑の空間をつくる方法

2. 小さな森をつくる

　誰しもが広大な庭園を手に入れられるものではない。それでも自然を感じるスペースをもちたいと思っている人は多いはずだ。さらに、自然は好きだけれど、手入れはできるだけ簡単なほうがいいという人も多いだろう。

　だが現実は、都会では緑の多様性や量が、かなり失われている。その理由は「はじめに」で述べた通りである。

　中山間地といわれる里山は適度な人間の管理が加わることにより、都市中心部では生まれにくい多様な自然空間をつくり出してくれていた。個人庭園は、いろいろな原因で少なくなり、これに合わせて、伝統的な庭園管理の技術が失われてきている。そのようななか、少しでも多様な緑の空間を都市に呼び戻すには、いくつかの新しい考え方が重要になる。

　例えば、管理の仕方が簡単な緑地をつくることである。綿密な管理が必要な庭をつくっても、好ましい状態を維持することが難しくなり、結局は、本来の目的を果たせなくなる。そして素人でも簡単にメンテナンスが可能な樹種の選択をすることが大切である。狭い土地での庭づくりの場合は、広さや奥行きを感じることができる工夫をすることも必要である。

　これらを考慮すれば、都会にも緑の"小さな森"をつくることができる。

里山：第一次産業や地域住民の伝統的な暮らしを通じて維持管理されてきた二次的自然林地域をいう。

葉の色が濃い常緑樹は
奥に置くことで奥行き感を強める

低い木は耐陰性が
必要である

3章 緑の空間をつくる方法

（１）場所の性格を考える

　すべての緑の空間を考えるうえで最も大切なのが、その場所の性格である。言い換えれば、その場所の環境だけでなく、周辺環境から生まれる条件が重要になる。

①日照：樹種の決定に影響する。基本的に日当たりのいいところを候補地としたいが、都合のいいことに、大きくならない木の多くは、日陰に比較的強い。

②通風：樹種の構成に影響する。樹木も人と同じで、風がある程度抜けるところがよいが、強すぎてもいけない。

③地形：現況の地形はもちろん重要であるが、その土地が切土で生まれた場所かどうかなど場所の歴史も植生には影響する。

　これ以外に、土壌の性質もきわめて大切である（▶p.60 参照）。

> エアコンの室外機の風が出ているところは風が強く、木は枯れる。
> ▶p.65 参照

（２）どんな樹種を使うか

　まず、基本的に大きくならない木を使う。小高木といわれる木がこれに当たる。この種類の木は、基本的

通常、高木の陰に存在する
小高木はある程度の日陰に強い

> **落葉の樹種**：ツリバナ、オトコヨウゾメ、アオハダ、コハウチワカエデ、ダンコウバイ、ウメモドキ、ドウダンツツジ、ヒメウツギ、マルバノキ。
> **常緑の樹種**：ソヨゴ、ヤマグルマ、矮性アセビ、アオキ。
> ▶p.95・96「植物リスト」参照

> **小高木**：植物学の用語で5〜10mの樹木をいい、20mを超えるものを高木という。

に日陰にある程度強い。そもそも大きくなることなく、子孫を残してきた木は、ほかの樹木に光を遮られても成長できるということであり、多少の日陰にも負けない性質をもち、日陰の多い都市部には適している。

(3) どのようにして広く見せるか

基本的に常緑樹の葉の色は同じ緑色でもほかの樹木より濃いので、それが背後にあることにより、奥行きを感じさせる。いわゆる収縮色の役割を果たす。また低木類でもいくつかは大きめの常緑低木（あるいはオブジェ）を手前に置くことで、逆遠近法が効き、場所を広く見せることができる。この方法は日本庭園でよく使われている。さらに広く見せるには、手前に白い砂利を敷くことも有効である。

膨張色と収縮色：一般に色の明度の高いものは大きく見え、低いものは小さく見える。これをそれぞれ、膨張色、収縮色という。

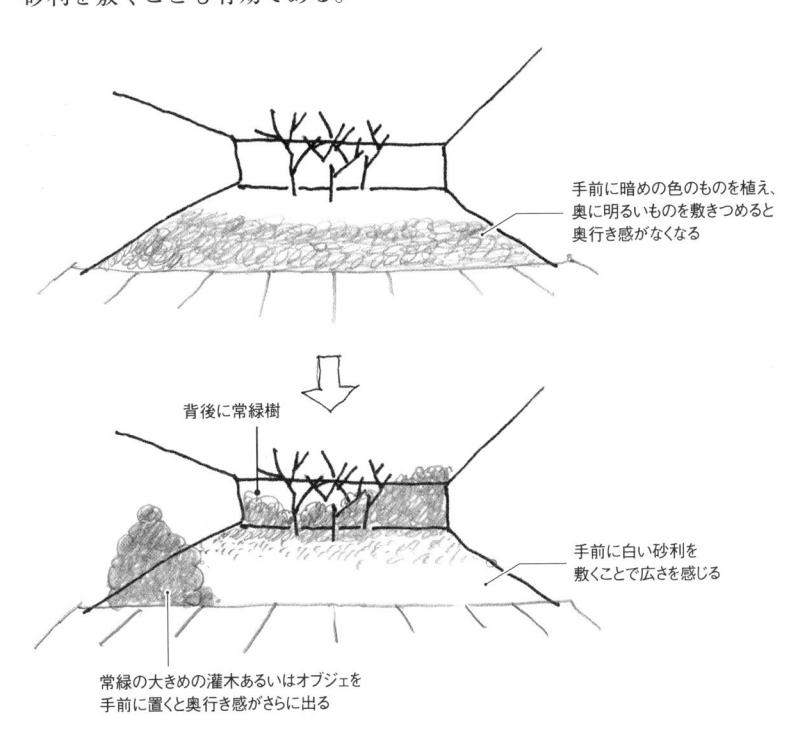

手前に暗めの色のものを植え、奥に明るいものを敷きつめると奥行き感がなくなる

背後に常緑樹

手前に白い砂利を敷くことで広さを感じる

常緑の大きめの灌木あるいはオブジェを手前に置くと奥行き感がさらに出る

3章 緑の空間をつくる方法

3. 水辺の緑の空間をつくる

　広大な敷地を緑で埋め尽くし、しっかりと管理をすれば素晴らしい外部空間が生まれる。でもその管理は大変である。

　実は水の空間のほうが維持管理がたやすい。しかも水面に緑が映り込めば緑を2倍楽しめる。もちろんきれいな水が自由に使えることが前提である。

　かつての池づくりでも、粘土を敷き固め、水をためるために不透水層をつくった。そのため、池の空間は水と空気を同時に必要とする一般的な植物にとって好ましい環境ではない。広すぎる屋敷地を与えられた大名が競って大きな池の周りを回遊する庭園をつくった裏には、こんな理由もあったのかもしれない。それとは全く違った理由で、大きな水面のあるマンションの中庭をつくったことがある。住民の生活のパターンが多様であるため、中庭空間の使い方も多様になる。一見よさそうに思えるこの多様性は、住む人の生活のリズムの違いから思わぬ騒動に繋がることがある。「子供の遊ぶ声がうるさくて眠れない」「夜中、中庭の会話が全住戸に響き渡る」など、いろいろな不満が出てくる。これを逆手に取って中庭を通常の活動のできない水面にしたのである。1年に数回、水を抜き掃除をするとき、住民参加の"中庭祭り"として、コミュニティ形成に役立っている。ただここでの水源は、水道水ではなく、屋根に降り注ぐ雨水だ。マンション全体の水資源との意味もある。

江戸時代の代表的な大名屋敷の回遊式庭園（六義園）

マンションの雨水の中庭

自然風の水辺

土の面と水面が同レベル
フェンスのない水辺

水辺に合った植物

3章 緑の空間をつくる方法

(1) 植物を選ぶ

　水の中あるいは水辺の植物の選択は非常に難しい。それは、管理のあり方に直接結びつくからである。

水辺に強い樹木類：ハンノキ、ヤチダモ、ラクウショウ、サワグルミ、エノキ、シダレヤナギなど。
▶ p.97・98「植物リスト」参照

(2) 水辺の構造を知る

①自然風の水たまりをつくる

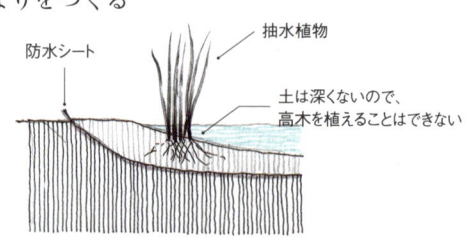

- 防水シート
- 抽水植物
- 土は深くないので、高木を植えることはできない

②水の床をつくる

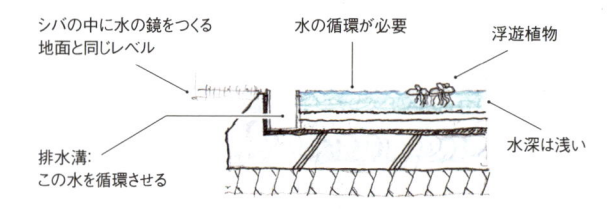

- シバの中に水の鏡をつくる　地面と同じレベル
- 水の循環が必要
- 浮遊植物
- 水深は浅い
- 排水溝：この水を循環させる

②の具体例。水はゆっくり循環している

③ゆっくりと水を大地に返す装置をつくる

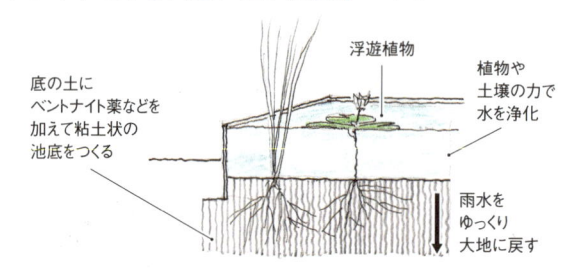

- 底の土にベントナイト薬などを加えて粘土状の池底をつくる
- 浮遊植物
- 植物や土壌の力で水を浄化
- 雨水をゆっくり大地に戻す

裸地の少ない都市部において、最も必要なことの一つに、ゆっくりと水を大地に返すことが挙げられる。都市水害の大半が街の保水力のなさが原因といわれている。雨水をためながらゆっくり大地に返す方法が③の図である。

(3) 水をきれいに保つ方法を考える

　水の透明度を保つのは水温と循環である。きれいな水は適正な酸素濃度が必要で、そのためには水を循環させたり入れ替えたりすることがよい。小さな水場でも、その全容量の1/2～1/3くらいの水が毎日入れ替われば、ほとんど透明な水が確保される。

（4）水空間の効用を考える

　水の空間はどこでも、清々しさを私たちに与えてくれる。しかし、風の流れや気温の変化を考えると、建築物の北側に配置するのがよい。夏場、南側は太陽光線がよく当たり暖かい場所をつくるが、北側は、建物によって陰ができ、そこに熱容量の高い水と樹木があれば、クールスポットになるため、暖かいほうに風を送ることになる。夜にはその逆が起こる。もちろん水空間の大きさや、場所、地形によって影響される。

（5）"sunk fence"で水辺を繋ぐ

　よく危険な場所だからと水辺を無粋な手すりやフェンスで囲っているところがあるが、それでは水辺の景色は台無しだ。こんなとき、水中にフェンスをつくる。図のような疑似植物のフェンスを水中に設けると、景観を損なわずに安全が保てる。むろん、色彩や素材の選択は慎重にしなければいけない。

sunk fence（サンクフェンス）:
英語では ha-ha と同じ意味だが、ここでは水没したといった意味で使っている。

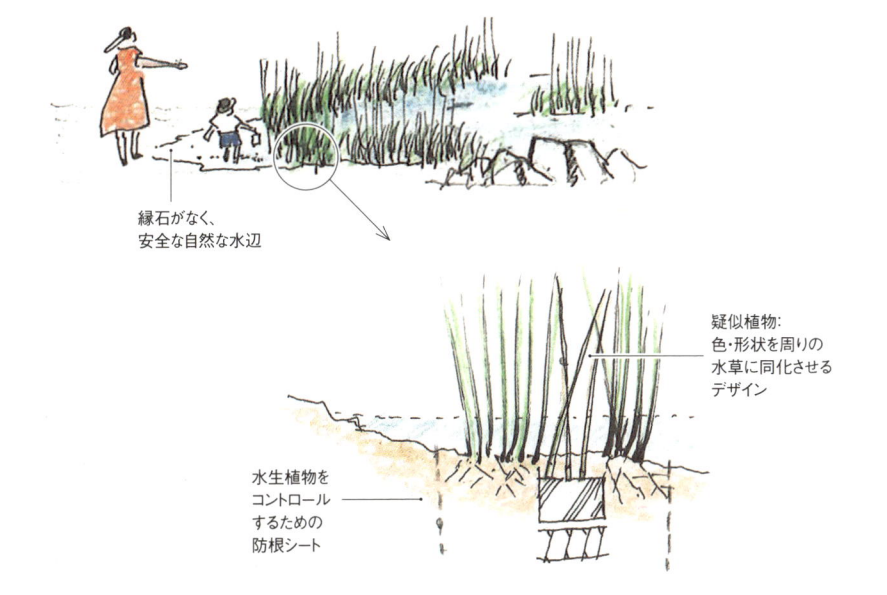

縁石がなく、
安全な自然な水辺

疑似植物:
色・形状を周りの
水草に同化させる
デザイン

水生植物を
コントロール
するための
防根シート

3章　緑の空間をつくる方法

4. 自然樹形を生かす

　ある日本の植木屋さんが、シェーンブルン宮殿の庭園管理をしっかりと見る機会があったときの話。

　整形した樹木が整然と並んでいて、いかにも人工的な感じのする庭園だが、宮殿から遠ざかるに従い、ほとんど自然樹形に手を入れない管理方法をとっていることを知り、「自然風に見える日本庭園がいかに多くの管理の手を入れているかを知った」と語っていた。

　日本庭園が大発展したのは江戸時代である。幕府が全国の大名たちに江戸に広大な屋敷地を与え、庭づくりを競わせることで国力を使わせた。つまり巧妙な国づくりの政策の中に庭づくりも取り込まれていたといわれている。だからとはいえないかもしれないが、多くの管理があって初めて日本庭園は成立する。しかし現在は、街の緑は市民に開放され、大名庭園とは異なる新たな都市空間での庭園技術が求められている。それは自然の樹形をそのまま生かす庭づくり、外部空間づくりである。樹木の形をそのまま生かすデザインの技術が必要とされる。右図のように、緑の形は多様である。これ以外にも実に多くの緑の形が存在する。逆に自然の樹形が知られていない木も多い。果樹類がその典型で、栽培しやすいようにつくられてきたため、自然の形の木を見てもそれとは気がつかない。

この節は「2. 小さな森をつくる」と合わせて読んで欲しい。

自然樹形の梨の木

刈り込まれることなく、
自然の形のままの空間

這性の
植物は基本的に
メンテナンスが
少なくてすむ

刈込みに強い木、
大きくならない
木を使う

枝垂れ系の樹木は
サクラ、ヤナギだけではない

3章 緑の空間をつくる方法

(1) 今までの常識を変える

　生垣にする木は基本的に自然形をつくるのに向いている。おかしなことを言うといわれそうだが、刈込みに強い木は、発芽力が強い。だからかなり思い切って切っても樹勢に影響が少なく、素人でも管理しやすい木のはずである。刈込みに強い種類で、大きくならないものをうまく使うと、自然樹形を生かした素晴らしい外部の空間をつくることができる。

ドウダンツツジの古木。自然樹形

ペンデュラ
ファスティギアータ
プロストラータ
▶ p.82「まめ知識」参照

(2) 自然の樹形を知る

　自然の木の形は様々だ。それぞれをうまく使えば、それだけでそこの場所にふさわしい場所がつくれる。樹木の形態を表す言葉に、ペンデュラ、ファスティギアータといった耳慣れない言葉がある。

プロストラータ　　ペンデュラ　　ファスティギアータ

(3) ペンデュラのカーテンを使う

　ペンデュラはある程度自立して成長した後、枝が下がるものや、全く自立しないものがある。後者の場合、植え方や支柱のデザインがそのまま表現される。枝垂れの樹木は、どこから枝垂れるか高さを想定する。

ペンデュラのカーテンの代表格はアトラスシーダーグラウカペンデュラ（シダレヒマラヤスギ）。
▶ p.93・94「植物リスト」参照

自立して成長し、枝が下がる。下がった枝をカーテンのようにする。どこから枝垂れさせるか、技術が必要

(4) 普通の樹を自然風に見せる

①計画的な皆伐による方法。樹木を根元から 20 〜 40cm 残して伐採し、根元に光が当たるようにし発芽させる。株立ち状の樹木にし、大きくなったら伐採し、これを繰り返す。この方法で街路樹に株立ちを使えば、管理しやすい並木道がつくれる。

株立ち：1 本の幹の根元から複数の枝が分かれて出てくること。株立ちの街路樹は、大きくなりすぎた幹を適宜根元近くから伐採することで整える。

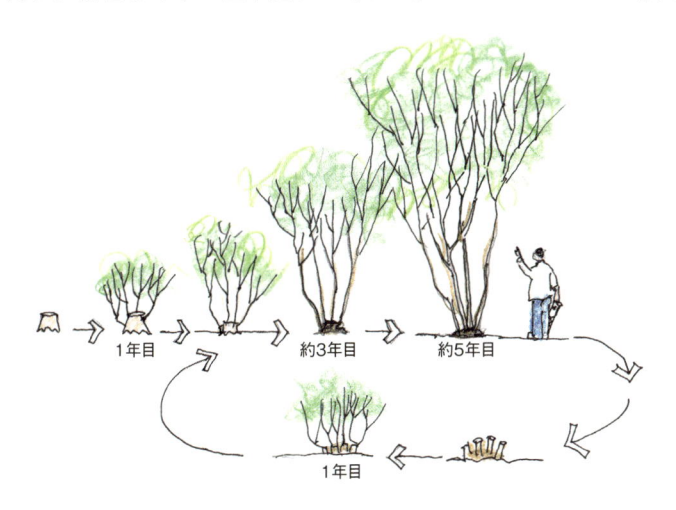

1年目 → 約3年目 → 約5年目 → 1年目

②剪定技術に"すかし"という方法がある。しかし、この言葉を知らない植木屋さんがいる。植栽管理技術の変化はこのようなところに表れている。

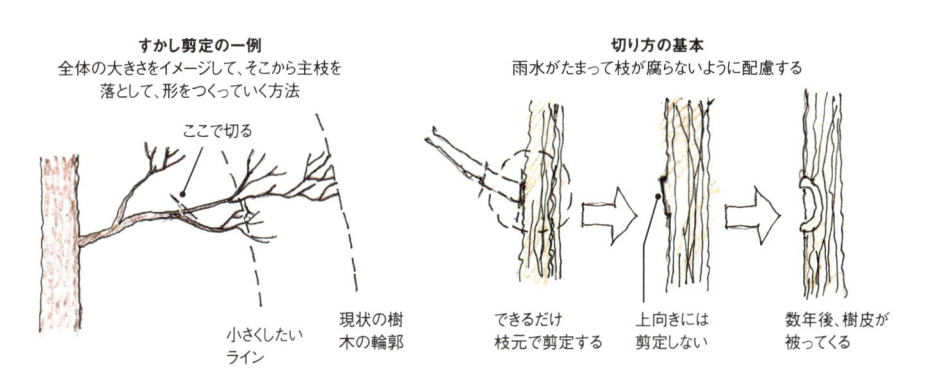

すかし剪定の一例
全体の大きさをイメージして、そこから主枝を落として、形をつくっていく方法

ここで切る
小さくしたいライン
現状の樹木の輪郭

切り方の基本
雨水がたまって枝が腐らないように配慮する

できるだけ枝元で剪定する
上向きには剪定しない
数年後、樹皮が被ってくる

3章 緑の空間をつくる方法

5. 緑のオブジェをつくる

"トピアリー"、ラテン語で opus topiarium という緑を使った刈込み造型技術がある。これは古代ローマに始まったとされるが、原語のラテン語を直訳すると、"庭園の仕事、庭師の仕事"というような意味で、もともとは庭仕事全般を言っていたのかもしれない。この技術が発達するのは、2章「3.緑の天井をつくる」の節でも書いたが、ルネサンス期の庭園文化によるところが大きい。いわゆる整形木文化の一部と考えてよい。

トピアリーには、型を使ってより正確な造型物を管理者の能力に関係なく育てることのできる金網を仕組んだものと、樹木の特性を生かしながら、緑の造型物を育成するもの、さらに金属の網にコケなどを付着させるものがある。これらは、地面に植えるものであったり、鉢に植えたものであるが、最近では造型物の内部に土を入れるなどした"モザイカルチャー"といわれるものが出てきている。

いわば、緑が形をもって、街の中にあるときは土と関係なく、緑空間をつくり出そうというわけだ。仮設的に緑空間を演出したりするのに使われる分野といっていい。緑のよさを感じてもらう一手段であることには違いないが、都市文化が生んだ新たな技術といえるかもしれない。

モザイカルチャー
▶ p.82「まめ知識」参照

街にあるトピアリー。幅1cmの裸地から出た芽がトピアリーになった

トピアリーのサイン

門をつくる
(▶p.10参照)

モザイカルチャーと
トピアリーの
組合せの生垣

3章 緑の空間をつくる方法 53

6. ポイントをつくる

「1.アプローチをつくる」の節でも触れたが、人をどのように誘導するかは、空間をつくるうえで重要である。旅などで、あるシーンだけを強烈に思い出すが、ほかの部分はよく覚えていないことがある。つまりどれだけ印象に残る空間をつくるかが、空間を認識させる最も手っ取り早い方法かもしれない。例えば1本の樹。砂漠の真ん中にある樹と、密林の中にある樹は同じ樹であっても（生態的にあり得ないが）見る人にとって全く違う存在であるはずだ。

有名な桂離宮の"住吉の松"はこの典型である。しかも、この松は来訪者にこれから展開する庭の風景を隠して、期待感をあおる役目ももっている。つまり、このあたりに緑でポイントをつくる技術の本質があると考える。

①緑そのものの目に留まる樹形や性質を利用する。
②配置等を工夫し、空間の流れから緑を配置する。
　この両者の組合せを考えることだ。

一般に街角や建築物正面等に大きな樹木を配置する、いわゆるシンボルツリーがこれに当たる。また下図のように季節によって変化する樹木を変化の少ない生垣等と組み合わせることにより、季節を意識させる方法もある。

桂離宮・住吉の松

シンボルツリーによく使われる樹木：ケヤキ、サクラ（シダレザクラ）、コブシ、モミジ、クスノキ、マツほか。

一年中同じ樹木の背景。
同じ木があることが
ポイントにもなる

季節で変わる樹木

アイストップに植栽する
（▶p.38参照）

背景の樹形は
ポイントになる樹種と
異なることが重要

足元は簡素に

3章　緑の空間をつくる方法

7. 食べられる緑の空間をつくる

　江戸時代、下級武士の武家屋敷には、必ず生(な)りものの樹木が植えられていたと聞いたことがある。広めの庭は、武芸の稽古のためとも野菜などをつくったためともいわれる。

　べつに下級武士のまねをするわけではないが、庭に食べられる作物をつくるためのスペースを設け、かつそれで庭としても楽しめるのであれば、決して悪い話ではない。

　美しい田園風景を感じながら住みたいと思い、少し遠い市民農園を借りて、半年で草ぼうぼうの姿を見るとやはり無理と思い込んでしまう。野菜などの手入れは、広さにもよるが毎日少しの時間でも見ていることが大切だ。家から離れた市民農園は、管理に行く心構えからして大変である。食べる空間を身近につくるためには、飽きがこないようにするために、いくつか原則をつくっておくとよい。

①農作物がないときでも、それなりの庭に見えるような構成を考える。
②手間をかけなくともできる作物を考える。
③季節によって植える場所と植えない場所をつくっておく。

　このくらいの原則をつくると、食べられる作物が収穫できる美しい庭を手に入れられ、食べること、さらには庭への関心を高めることができ、植物の不思議さも味わえる。

例えば、上杉鷹山は江戸時代の大名であるが、藩財政逼迫を乗り切るために倹約をすすめた。その一つとして、食用になるウコギの垣根を推奨。代用食となる植物調査もしたといわれている。

収納スペースは必ず設ける	
南入りの敷地。道路側に駐車スペースを置き、日除け用の緑の屋根を設ける（▶p.71参照）	
栽培しやすい果樹を植える	
連作障害防止のための非耕作地	
下部に収納	
作物の組合せを考える	
食べられるツル植物をネットフェンスに絡ませて目隠し（▶p.64参照）	
雨水の池で湿生の植物を育てる（下部は収納）	
食べられる低木もあるとよい	

3章　緑の空間をつくる方法

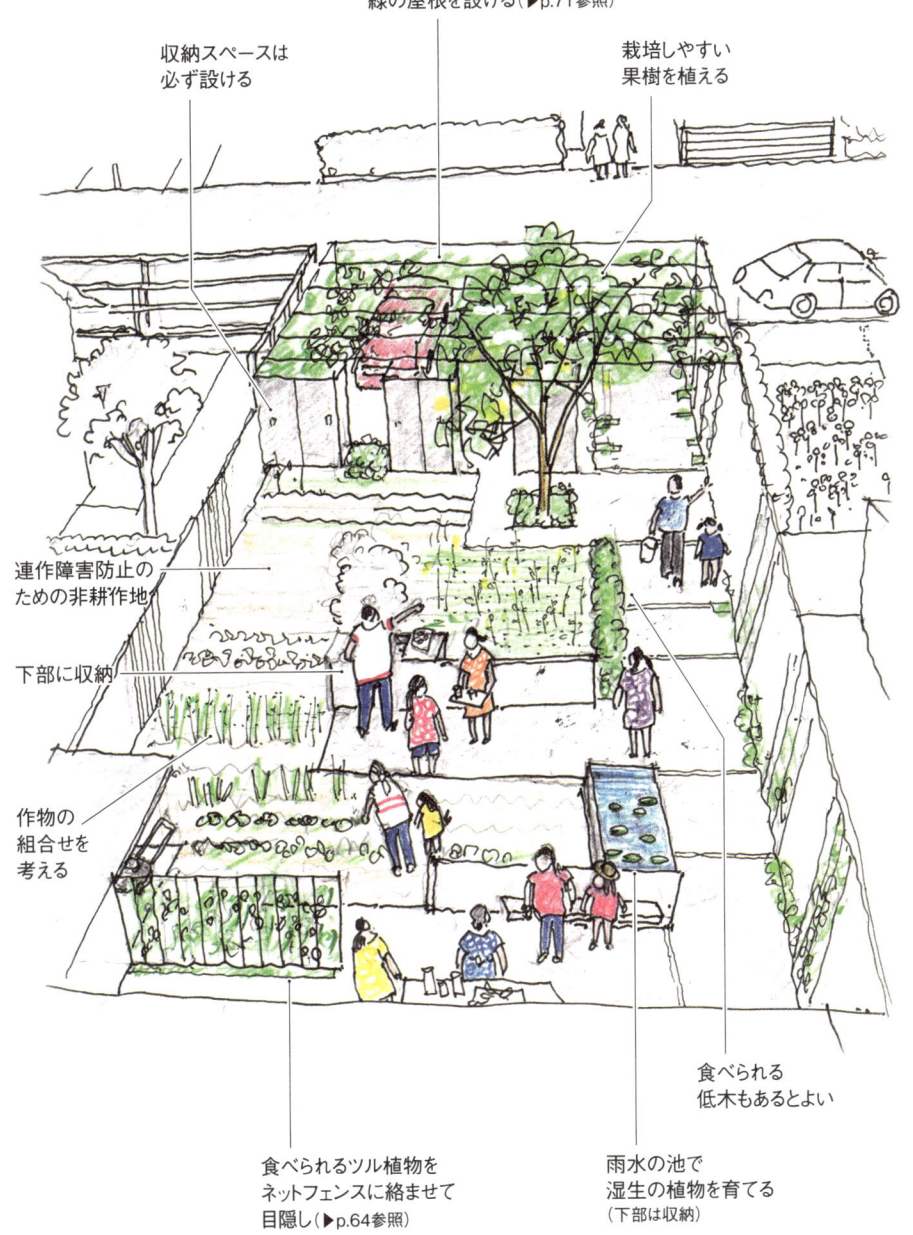

(1) 敷地の選び方を知る

　個人の住宅に限らず、敷地選びは重要である。まして農作物をつくろうと考えた場合、その条件は、敷地の広狭にかかわらず、重要になる。

　以下にそのポイントを挙げる。

①その地域の年間平均気温。おおげさに言えば、気温が1℃違えば、できる作物も変わる。

②敷地の方向、具体的には日照時間。作物は成果ができるまでの、積算日照時間で収穫時期が決まるため、日照時間はきわめて重要である（住宅地であれば、敷地の大きさにもよるが、道路という南側空地がある南入りの敷地がよい）。

積算日照時間：作物が収穫を迎えるまでの日照時間の総和。

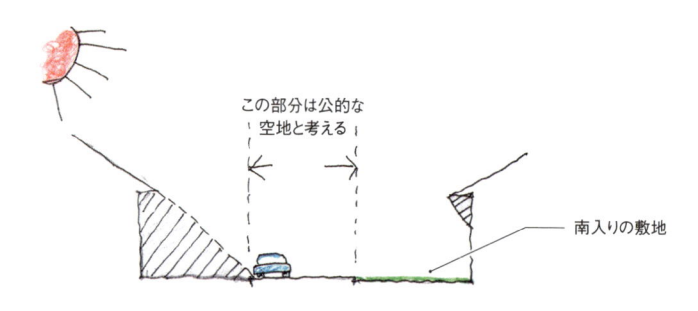

この部分は公的な空地と考える

南入りの敷地

③土壌の性質、水はけ、pHなど基本的なことを調べる（▶p.60参照）。

▶p.83「まめ知識」参照

(2) 様々な果樹の特徴を考える

　果実をつくろうとするなら、確実にできやすいものを選択する必要がある。品種によって栽培のしやすさが異なるので、専門誌などで調べることをすすめる。

ナツミカン、レモン（都内）、ミカン、ビワ、キウイ、イチジク、ブルーベリー、ウメ、カキ、ブドウ、ラズベリー、アメリカンチェリーなどがつくりやすい。
▶p.99・100「植物リスト」参照

(3) 栽培場所をいくつかに分ける

　作物には連作障害という厄介なものがある。だから作物をつくる場所をいくつかに分けて管理したほうがよい。連作障害は、植物の根の回りの根圏部分の微生

物が関係していると考えられている。これを避けるには、毎年異なるものを栽培するか、緑肥植物を播種して、数年作物をつくらない方法などがある。

根圏：植物の根を取り囲んでいる微生物活性が高い土壌域。

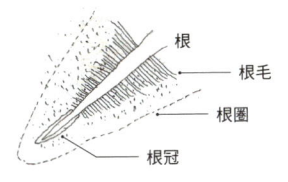

根圏では、微生物が根圏外より10倍くらい活発に活動している

根
根毛
根圏
根冠

（4）バンカープランツとコンパニオンプランツを利用する

近くに植えることにより、相互によい効果が得られる植物のことで、最近の農業系の書物には頻繁に出てくる言葉である。小さな生態系を畑でつくり上げるわけだから試行錯誤は当然である。それぞれの組合せや、出来上がる風景をイメージして決めるのがよい。

緑肥植物
バンカープランツ
コンパニオンプランツ
▶ p.98・99「植物リスト」参照

アブラムシはムギが好きなので、ナスに近づかない
ムギ
ナス
ムギはバンカープランツの一種

（5）工作物を設けるときの注意点を知る

作物がないときでも庭であれば、それなりの形をもっていないと生活するのに寂しいものがある。そのために、以下の点に留意する。
①単一機能だけを重視しない。
②工作物がつくる日陰等も計算に入れる。西日を避けたい部分に収納壁をつくるなど、日陰などを考慮した配置を考え、工作物を設ける。

例えば、①の例としてベンチは収納機能、バーベキューコーナーも用具入れを兼ねる。間仕切りは野菜の収穫フェンス、駐車場の日除けは果実の栽培棚兼用など。②の日陰になった場所は通風が必要になるが、ミョウガ等の栽培に向く場合もある。

3章 緑の空間をつくる方法

8. キッチンハーブの庭をつくる

　昔から人々は植物を薬として利用してきた。特に、中世の修道院での薬用酒や薬の研究は有名である。その時代に有用な植物ハーブはおおいに研究された。毎日のように使えるものを探す庭にすることは、さりげなく植物のメンテナンスをすることにも繋がり、緑の空間を維持できる優れた知恵である。

(1) 建築のプランとの整合性を考える
　はじめに建築的なプランとの整合性が必要であることは言うまでもない。

(2) メインとなる樹木を知る
　このスペースをつくる樹木は常緑で比較的刈込みに強く、その葉などが調理に使える樹木（例えばローリエ）をメインにする。防犯のことを考えれば、とげのあるサンショウの木を混ぜて植えるといい。

(3) 土壌について知る
　高いアルカリ性土壌は作物をつくるのにかなり苦労する。ホームセンターなどで、簡単な土壌検査をしてもらうことができる。土壌の性質を知っておくことも重要である。

(4) 飛び石とフェンスを利用する
　飛び石で動線を確保して、土を踏み固めない。サラダやお茶にもできるツル植物で、フェンスを緑化する。

レモン：うまくすれば温暖化で、東京都内でも露地で育つ。ただ郊外に行くと保証はできない。

オリーブ：この木は自家受粉しにくい。そのため異なる種類を2本植えたほうがよいとされている（葉の色はややグレーがかっている）。

ローズマリー：常緑で、庭づくりではベースになる。肉料理によく使われる。

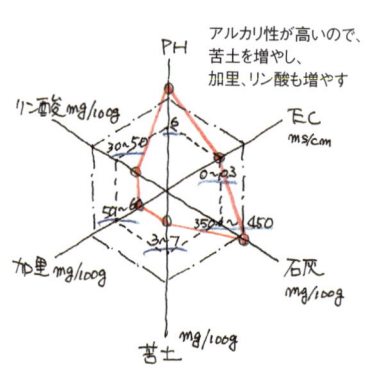

ハニーサックル：常緑で、煎じ薬として使われていた。成長が早いので適宜切る。

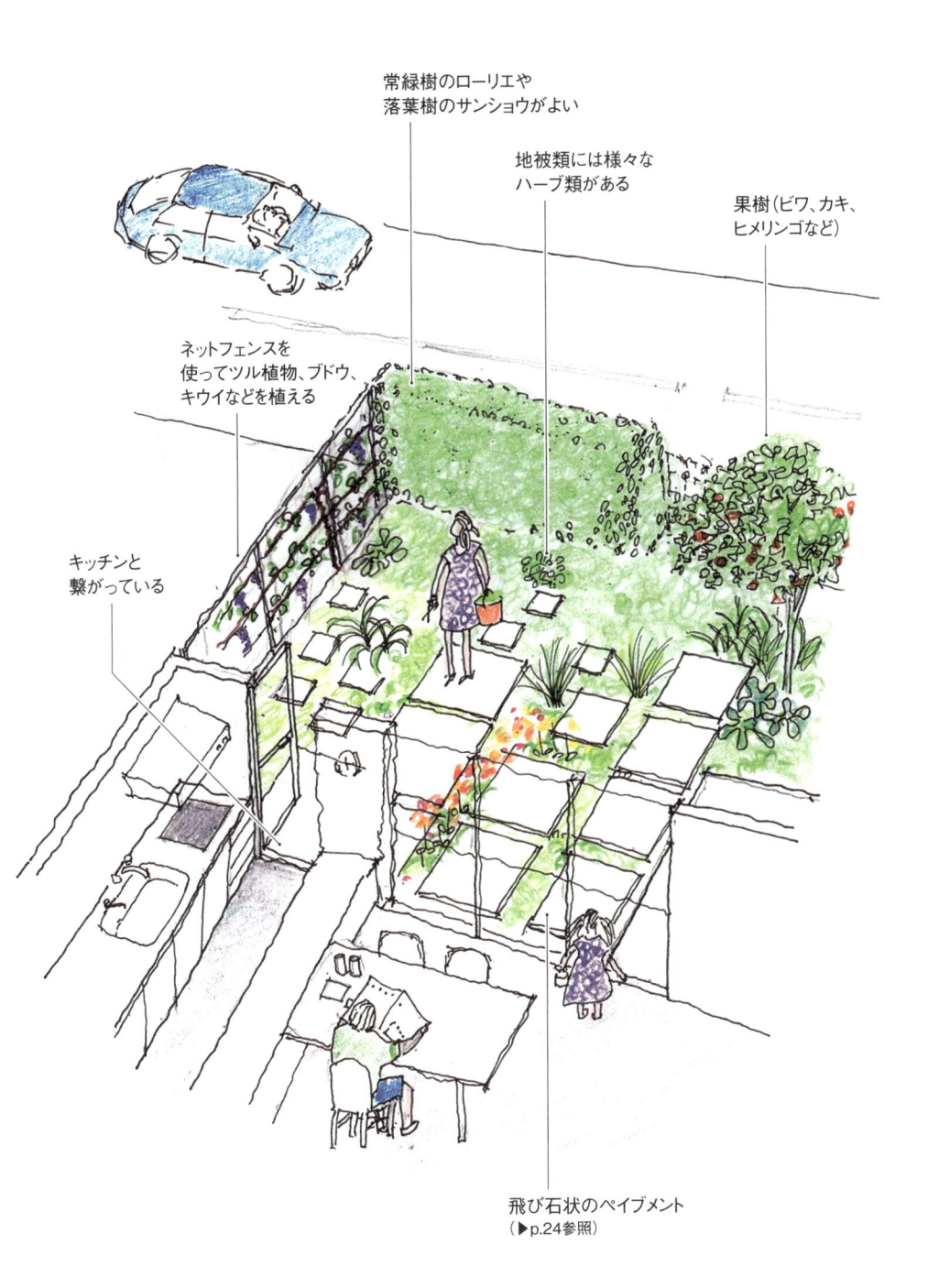

常緑樹のローリエや
落葉樹のサンショウがよい

地被類には様々な
ハーブ類がある

果樹(ビワ、カキ、
ヒメリンゴなど)

ネットフェンスを
使ってツル植物、ブドウ、
キウイなどを植える

キッチンと
繋がっている

飛び石状のペイブメント
(▶p.24参照)

3章　緑の空間をつくる方法　61

9. 守る・隠す空間をつくる

　2章「2.緑の壁をつくる」の節で高垣について少し触れたが、外房総地方では、イヌマキの高垣が海からの風を防ぐのに使われ、東北地方には"居久根（いぐね）"、礪波平野地方には"垣入（かいにょ）"、出雲地方には"築地松（ついじまつ）"と呼ばれる防風林がある。関東地方では、建築物に直接太陽光線を当てないために高生垣がつくられているところもある。それぞれの地方によって、樹種や剪定方式などが異なり、それが独特の風景を生んでいる。いずれにしても、緑で空間をつくるときは、"守る機能"をもつことが多い。また生垣などによる"隠す機能"は、古くから庭づくりの手法の一つでもある。

　しかし、より様々な機能が複雑に絡み合った現代の街では、今までとは少し違う新しい手法が必要になってきている。例えば、家を守るという防風林の思想を街角で利用することにより、街のアイストップになる新たな緑の風景が生まれるはずだ。ただ厄介なのは植物が成長することである。大きくなっていない植物は、守ることや目隠しとしてすぐには役に立たない。かといって、すぐに役に立つようにと大きいものを植えると、何年かして大きくなりすぎて困ったりする。

　そうならないよう、次の2つの点に注意する。
①目的に合った樹種の選択
②管理計画の伴った植栽計画と施設計画

　つまり、当面の目的と同時に、時間の経過を考えることである。

イヌマキの高垣

成長が早く、管理が比較的楽な常緑高木、イヌマキ、シラカシなど。

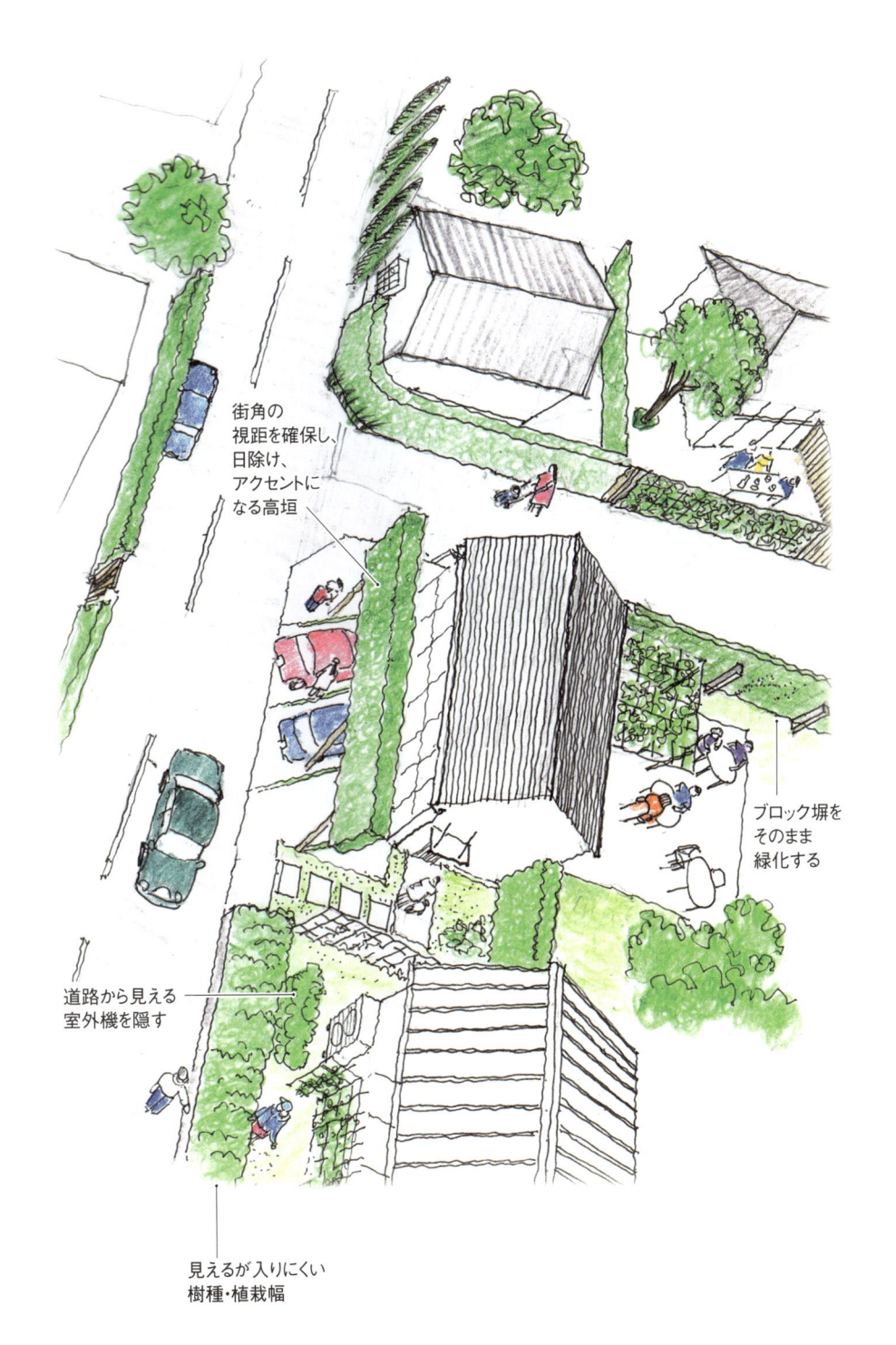

街角の
視距を確保し、
日除け、
アクセントに
なる高垣

ブロック塀を
そのまま
緑化する

道路から見える
室外機を隠す

見えるが入りにくい
樹種・植栽幅

3章 緑の空間をつくる方法 63

（1）フェンスを使う

　ネットフェンスやトレリスを使って、ツル植物を絡ませることができる（▶p.11 参照）。わずかな土壌を確保すれば、数年で緑の塀にすることができる。生育するまでは、図のような板戸等で、プライバシーを守る。

ツル植物
▶p.91「植物リスト」参照

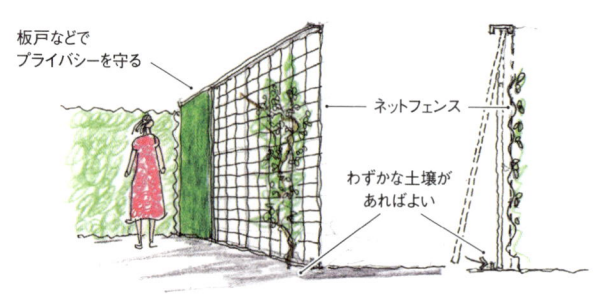

- 板戸などでプライバシーを守る
- ネットフェンス
- わずかな土壌があればよい

（2）トレリスを使う

　窓の開口部にトレリスを使用することは、セキュリティーはもちろん、街と室内に同時に緑の空間を提供する。

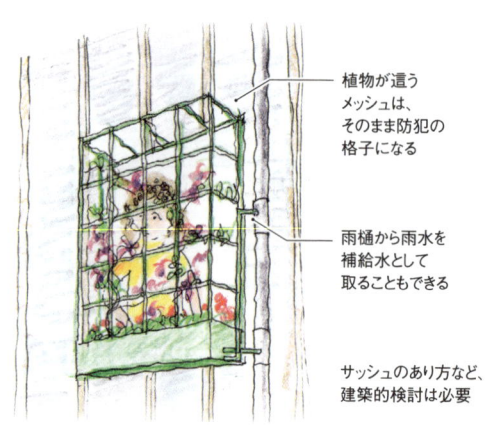

- 植物が這うメッシュは、そのまま防犯の格子になる
- 雨樋から雨水を補給水として取ることもできる
- サッシュのあり方など、建築的検討は必要

（3）日差しから守り、風を和らげる

　メッシュを使ったツル植物を絡ませるパーゴラやトレリスは、そのメッシュの大きさが重要である。

メッシュの大きさは、壁面の場合はやや細かく 150～200mm 程度がよい。パーゴラの場合は使う樹種にもよるが、400mm 程度まで粗くてもよい。

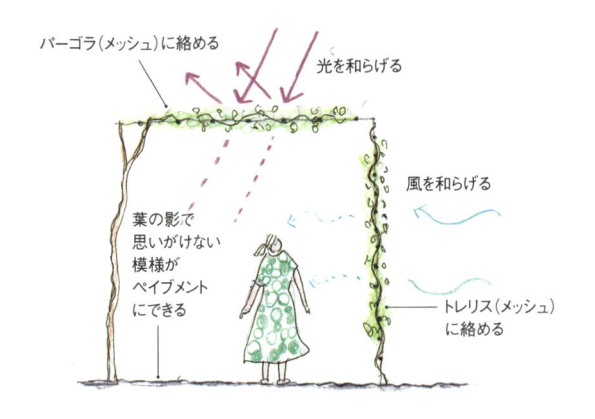

図中ラベル:
- パーゴラ(メッシュ)に絡める
- 光を和らげる
- 葉の影で思いがけない模様がペイブメントにできる
- 風を和らげる
- トレリス(メッシュ)に絡める

葉影がつくる思いがけない模様

(4) ブロック塀を使う

　ブロック塀はメンテナンスがいらないこと、安価であることにより多く使われている。しかしブロック塀は、太陽熱をためてしまう。そこで、蓄熱を軽減するためにツタ植物で覆い隠す方法がある。

RCブロックに張りつく植物：オオイタビカズラ、ナツヅタ、テイカカズラ
▶ p.26 参照

吹付け塗装されたブロック塀につくオオイタビカズラ

(5) エアコンの室外機を隠す

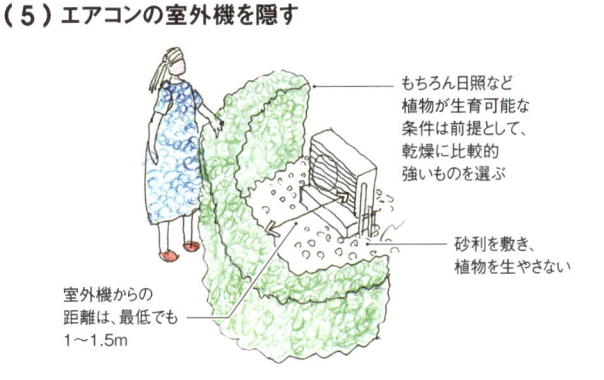

図中ラベル:
- もちろん日照など植物が生育可能な条件は前提として、乾燥に比較的強いものを選ぶ
- 砂利を敷き、植物を生やさない
- 室外機からの距離は、最低でも1〜1.5m

室外機のすぐそばに樹木があると、間違いなくその樹木は枯れる。いつも葉の裏に風が当たることにより、樹木の呼吸が妨げられるためである。

乾燥に比較的強い樹木：アベリア、トベラ、ハマサカキなど。

(6) 近寄りにくい場所をつくる

　植物は動くことができない。だから自己防衛のために様々な生態をもち、あるいは進化の途中で獲得してきた。その一つがとげである。近寄らせたくない所に、とげのある樹木を使えば、物々しいバラ線等を使うのとは違い、景観的に美しく処理できる。

見てすぐとげがあることが分かるものにカラタチ、ピラカンサなど。一見しただけでは分からないが鋭いとげをもつものにメギ、アリドオシなどがある。
▶ p.26 参照

3章　緑の空間をつくる方法

10. 彩りのある空間をつくる

植物は光合成で、自らの細胞をつくり出す。だから光合成に必要なクロロフィルは、緑色以外の光の波長を吸収し、それ以外を放出するために緑色として見える。よって大半の植物の葉の色は"緑"になる。しかし、なかには、様々な理由から、葉に色をもつものが現れる。しそにはアオジソとアカジソがあるし、モミジには新芽が赤で、だんだん緑色になるものがある。秋、一般のモミジの紅葉そのものは光合成がなくなることの証だが、新芽が赤いのは、赤い色素によって強すぎる光（特に紫外線）を吸収させないためとの説がある。しかし、なぜ様々な色をしているのかは、よく分かっていない。いずれにしろ、このような様々な色をした"緑"で絵の具のパレットのようにした場所をつくるのも、緑と親しむ一つの方法である。

ケ・ブンランリ美術館の緑の壁。正面と見上げ

（1）少し暗い所を彩る

あまり植物にとって好ましい場所でない所、半分日陰のような所を、人は身勝手にも明るくしたいと思ったりする。そんなとき、カラーリーフの植物を植栽するのがよい。ただ暗い所で、色を楽しむとなると植物の種類は限られる。

（2）色の床・壁をつくる

緑の床・壁をつくる方法はいろいろあるが、水と養分を植物に与える壁のシステムをつくることは、その一つである。また、カラーリーフを使うと、一味違う壁ができる（▶ p.25 参照）。

多少暗くても生育可能なカラーリーフ類：フウチソウ、ギボウシ、ヒューケラ（寒さに弱い）、セイヨウイワナンテンレインボー（比較的丈夫）など。

青・銀葉：ラミウムマクラツム、シロタエギク、フェスツカグラウカなど。

赤・銅葉：ツボサンゴオータムリーブス、ベニチガヤ、ペニセタムセタケウムルブラム、スモークツリーグレースなど。

黄葉：リシマキアヌムラリア、オウゴンフウチソウ、フィリフェラオーレア、オウゴンアジサイなど。

黒葉：リュウノヒゲコクリュウ、ニューサイランブラックレイジなど。

様々な色の植物
▶ p.88・89「植物リスト」参照

外の光と雨が
入る吹抜け

外壁の色も大切

植栽枡の大きさ
(▶p.82「まめ知識」参照)

3章 緑の空間をつくる方法

11. 車と緑のスペースをつくる

　そもそも駐車のスペースに樹木を配することほど、矛盾に満ちたことはない。なぜかと言えば、車は自然界に存在し得ない力とスピードをもち、かつ重い車体を支えつつ走行する道路や駐車場を必要とする。これとは真逆の空間が好ましい樹木にとっては、できれば共に空間を分かち合うのは避けたいに違いない。しかし、人間はその中間にいる。道路も同じだが、特に照返しの強いアスファルトだけの駐車場より、木陰の多いほうがずっと快適なはずだ。そこで再度、緑がある車のスペースの意味を整理してみたい。
①車は街の中の大きな熱源の一つで、その熱を下げるのは緑である。
②車の出発地と到着地が駐車場であることは、人の行動が切り替わる場所であり、ここでの気分の転換に緑は心理的に大きく役立つ。
③青空駐車場は大地涵養の重要な場所であり、エコロジカルな意味からも緑化が望まれる。
④車のないときの駐車場は別の空間になる可能性があり、その目的を意識して樹木を配することで、多様なスペースの活用を考えることができる。
　以上のように、車と緑の関係を考えれば、緑のスペースのつくり方もまた多様であるべきことが理解できる（▶p.11参照）。

出口を示すサイン

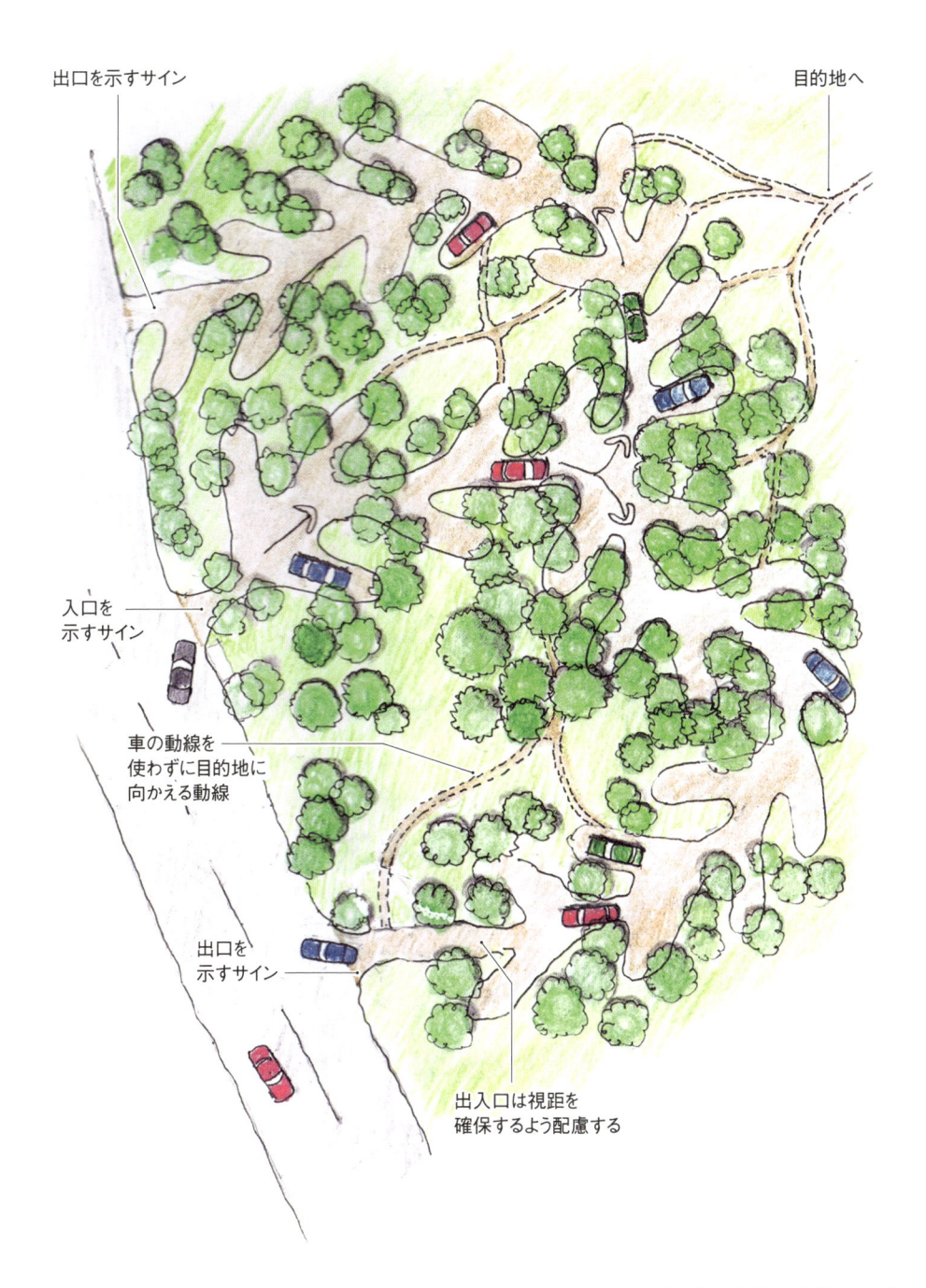

目的地へ

入口を
示すサイン

車の動線を
使わずに目的地に
向かえる動線

出口を
示すサイン

出入口は視距を
確保するよう配慮する

3章　緑の空間をつくる方法

（1）自然の中に車を入れる

　車と自然が共存できる駐車場が前ページの例である。走行車線は3.5m以下で、すべて一方通行である。駐車スペースは進行方向に向かって袋のように飛び出ている。当然それぞれのスペースにはセンサーがあり、空車の状況を事前に知ることができる。

（2）車と緑のスペースの割合を考える

　緑の中に駐車場を置くとしても、7台以上が並ぶと、よほど大きな木でない限り、その空間は車のスペースになってしまう。私の経験では、4〜5台当たりに1台分の緑地を設け、さらに車の動線をカーブさせ、目に留まるところに樹木を配置すれば、緑を意識できる駐車場になる（▶ p.11 参照）。

かつて、クリストファー・アレグザンダーは土地利用で9％以上を車のスペースにすると、そこは人間のスペースでなくなると警告している。そして駐車場は最大でも7台程度で、分散すべきだとも言っている。

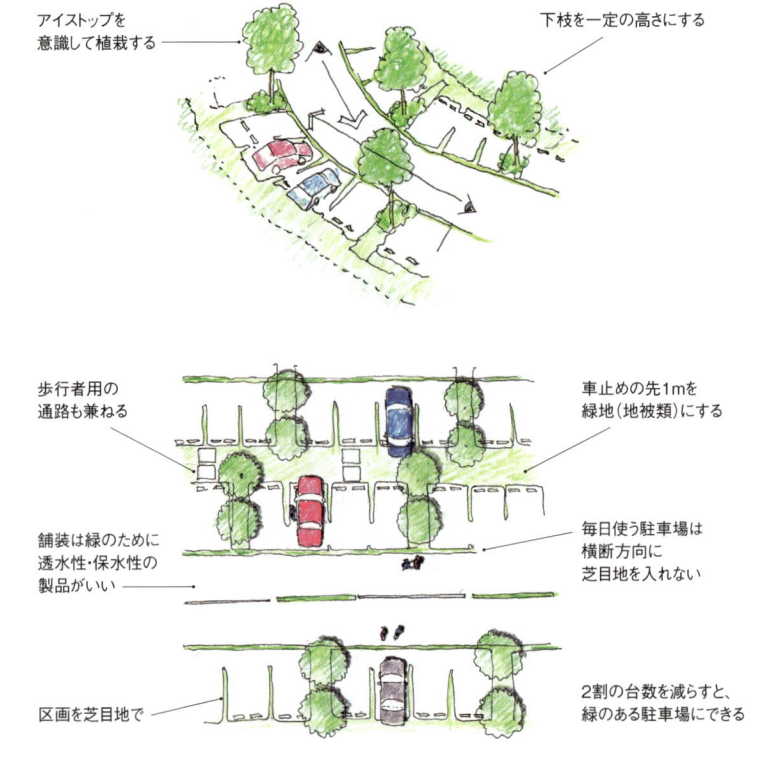

アイストップを意識して植栽する

下枝を一定の高さにする

歩行者用の通路も兼ねる

車止めの先1mを緑地（地被類）にする

舗装は緑のために透水性・保水性の製品がいい

毎日使う駐車場は横断方向に芝目地を入れない

区画を芝目地で

2割の台数を減らすと、緑のある駐車場にできる

(3) どこにある駐車場か考える

　例えばリラックスするための施設を訪れても、まるで車を生産して出荷する車置き場のような駐車場では、せっかくリラックスした気持ちが、施設から出て、車に戻るうちに失せてしまう。たくさん止めることも大切かもしれないが、施設のイメージを損ねては元も子もない。

(5) 収穫付き駐車場

　生(な)りもの、ツル植物を使うと狭い住宅でも果樹畑がもてる。

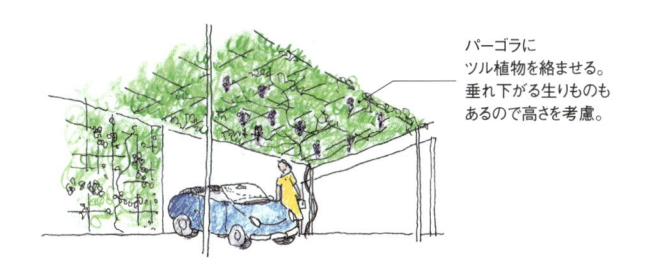

パーゴラにツル植物を絡ませる。垂れ下がる生りものもあるので高さを考慮。

(6) 緑の屋根付き駐車場をつくる

　整形した樹木の下に駐車場を設け、緑の天井で覆うことで、駐車場の配置計画が、上階から見たときの庭園計画の一部に変わる（▶p.32 参照）。

▶ p.92・93「植物リスト」参照

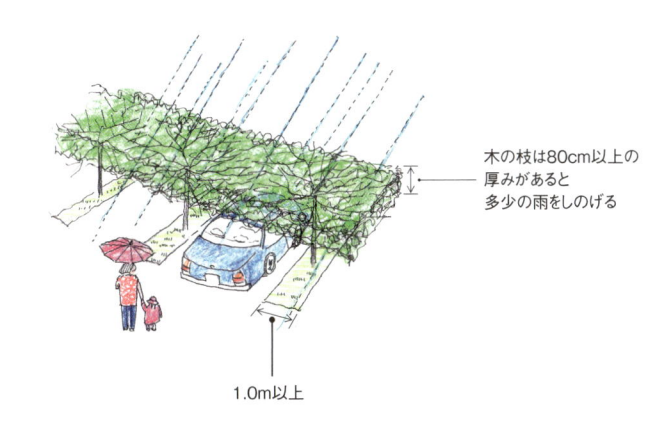

木の枝は80cm以上の厚みがあると多少の雨をしのげる

1.0m以上

12. もう一つの屋上緑化を考える

　環境問題への対応として屋上緑化の義務化・助成制度が行われているが、やや疑問に思う点がある。緑化する部分は屋上だから、いずれ建築の防水に限界がくる。そのときやっと根づいた緑はどうなるのだろうか？　実は屋上ばかりでなく、壁面緑化もやり方によっては同様の問題が生じる。建築物や構造物のメンテナンスとどのように歩調を整えて緑化していくかを十分考える必要がある。そこでここでは別の屋上緑化を考えてみた。

（1）花見ができる屋上を考える
　屋上にパーゴラを設け、下から、つまり大地からツル植物を這わせる。各階の開口部上部にはぶどう棚などを設けて収穫の窓をつくることもできる。屋上には、フジの木で大きな日除けをつくり、春にはフジの花見を楽しみ、秋にはブドウの収穫祭。楽しげなビル群が出来上がる。ツル植物は条件が整えば、1年で5mくらい伸びるので、4～5年すればビルの屋上を緑陰で包むことができる。また、屋上の防水層を傷つけることなく、緑化ができる。

ツル植物：フジ、ブドウ、サルナシ、キウイなど。

ブドウが採れ、
フジの花が咲く屋上

条件がよければ、
3階まで3年ほどで上る

途中の枝を庇にする
(ブドウが採れる窓)

3章　緑の空間をつくる方法

（2）動かせる屋上緑化を考える

　建築物は屋上が重いことを嫌う。そこでバランスがとれる大きさで、プランターとメッシュを組み合わせた屋上緑化のシステムを考える。

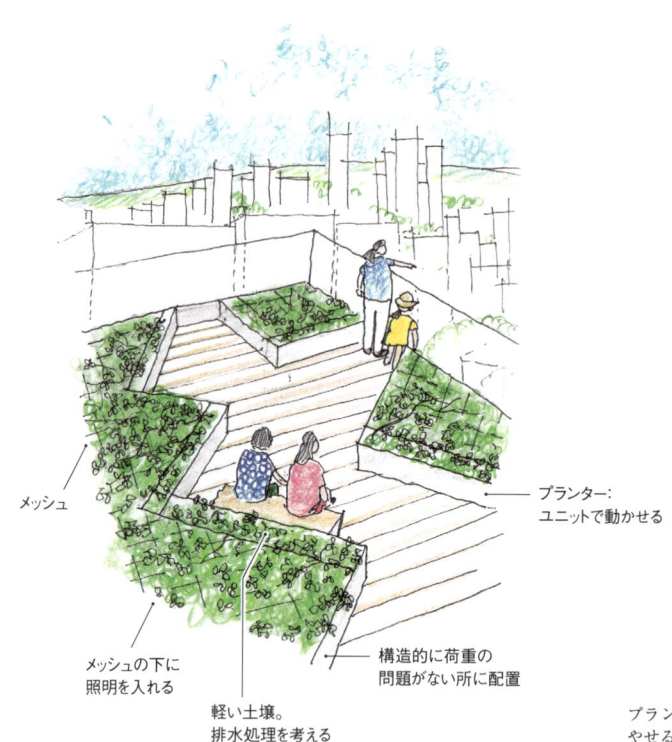

メッシュ

メッシュの下に
照明を入れる

軽い土壌。
排水処理を考える

構造的に荷重の
問題がない所に配置

プランター:
ユニットで動かせる

プランターの客土は数年で土がやせる。それを防ぐには、有機液肥を定期的に加えるとよい。

▶ p.93「植物リスト」参照

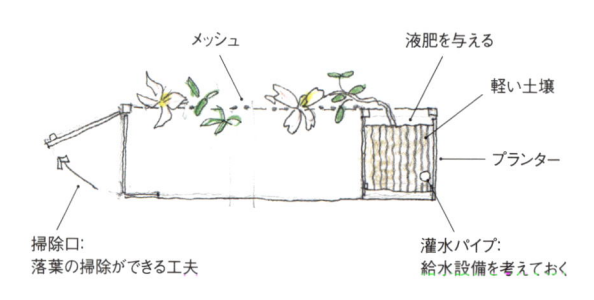

メッシュ

液肥を与える

軽い土壌

プランター

掃除口:
落葉の掃除ができる工夫

灌水パイプ:
給水設備を考えておく

コラム3 隣に迷惑のかからない植栽方法

よく、鉢植えの植物に関して"水をちゃんとあげているのに、枯れてしまった"という話を聞く。これは、ただ水をあげていれば植物は育つものと勘違いしているためだ。植物にはもう一つとても大切なものがある。それが空気だ。

空気といっても、土壌中の空気のことだ。水をよくあげている鉢は、鉢の中の小さな土壌粒子が空隙に水と共に詰まっていく。その結果、鉢の土壌の空隙が微粒土壌で埋まり、酸素が入らなくなる。次に、その酸素で生きていた根圏（p.59参照）の微生物が死に、これに頼って養分を吸収していた植物の根が機能しなくなり、結果的に植物が枯れる。

空気に頼る植物のこの原理を応用して、根を隣地に向けないために多孔パイプを加工して木を植える。根は常に空気を求めるために、隣地ではなく、このパイプの周辺に根を成長させる。これによって、隣地だけでなく、下水管等への根の侵入も防ぐことになる。さらにこの多孔パイプに液肥を入れることもできる。

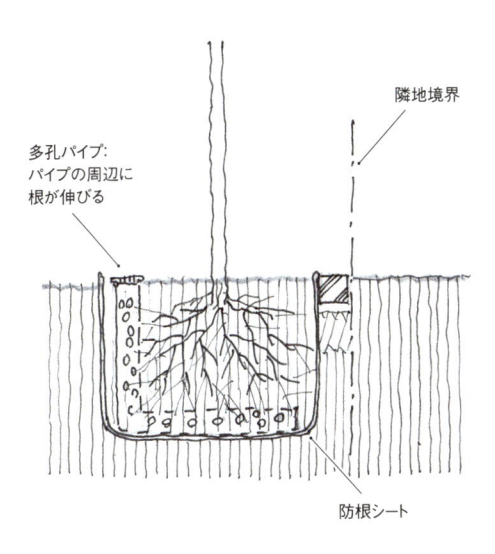

多孔パイプ：パイプの周辺に根が伸びる

隣地境界

防根シート

3章　緑の空間をつくる方法

13. コケの庭をつくる

　コケの庭の代表的な例は、京都の西芳寺であろう。あの庭はもともと"枯山水"の庭だったことは有名な話であるが、長い間廃寺になっていて人手が入らなかったことにより、世界遺産となる名園が生まれた。敷地の地形と近くを流れる川によってできた、いわば、自然の力による庭だ。

　コケは様々な場所にもともと自然に生えるものであり、特別なものではない。都市においては究極の緑化の一つだ。根をもたないので、緑化も一般の植物と異なり、その再生力は都市の不安定な自然状況にも合致する魅力のある緑化法で、今後さらなる研究があっていい。

　コケの庭は管理が大変だと思われるかもしれないが、一度安定すれば意外と管理がしやすい。そのつくり方の原則は、
① 日の当たる場所に木陰をつくる。
② 雑草のない地面をつくる。
③ 強い風が吹き抜けない所をつくる。

　さらに、適度の斜面があり落ち葉が全体的に堆積しない地形もコケの定着に役立つ。

ハイゴケ

コケは酢や塩化カルシウム水溶液に弱い。不要なコケが生えたときにはこれらを使う。

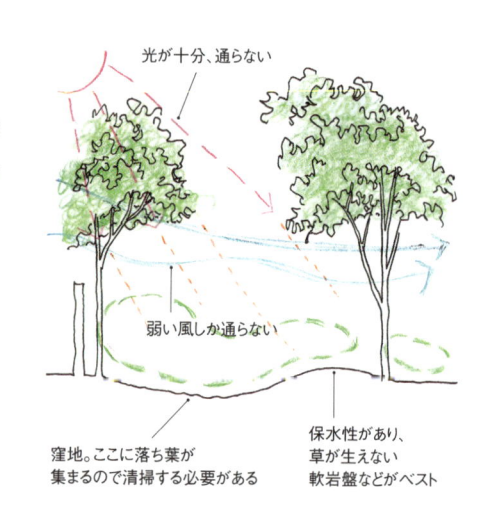

光が十分、通らない

弱い風しか通らない

窪地。ここに落ち葉が集まるので清掃する必要がある

保水性があり、草が生えない軟岩盤などがベスト

水面はもう一つの
雑草抑制地である

岩盤などは有効。
土壌はかけない
ほうがよい

落葉樹は適度な
日照をコケに与えてくれるので、
コケの生育を助ける

人工霧の発生装置を
池上に設けて、斜面に沿って
霧を流すとコケにとって環境はよい

ゆるい斜面にすることで
落ち葉が堆積しない

3章 緑の空間をつくる方法

14. 法面を緑化する

　日本は斜面の国である。その意味で、斜面をどのような緑の空間にするかは、風景をつくるうえで重要だ。代表的な例は棚田であるが、これは日本の法面緑化の最高の技術といっていい。美しいばかりでなく、日本の気候と地理的条件、さらに産業をも巻き込んだ環境保全の技術である。だからこそ棚田を支える畦から学ぶことは多い。斜面地に水平な水田をつくれば必然的に法面が発生する。その法面は、田に張った水の荷重を支え、かつメンテナンスの点ではできるだけ容易にするために、様々な法面地被植物類が試されている。

（１）土砂流出防止のための植栽基盤をつくる
　造成した斜面は雨により土砂が流出しやすいので、その流出防止の植栽基盤として、植物の種を吹き付ける、マットに苗や種子を仕込む、シバを張るなどがある。

法面保護に使えて、比較的管理のしやすい植物：アジュガ、ディコンデラ、コグマザサ、シバザクラ、ギボウシなど。
▶ p.85〜87「植物リスト」参照

植生マットあるいは植生シートといわれるものがある。

30度　　　苗木の入った育成用の袋を法面に固定する方法がある

造成で土が安定するのは30度までとされている

3章　緑の空間をつくる方法　79

（2）長い時間を見越した管理を考える

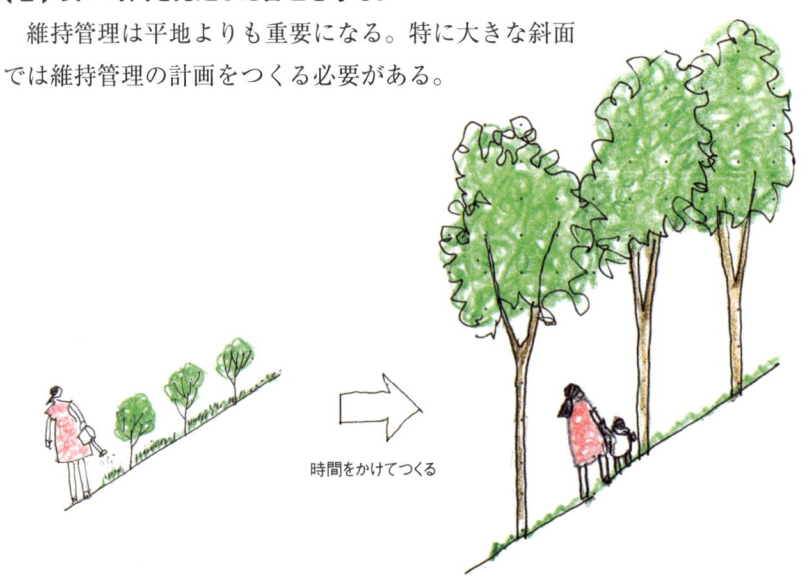

　維持管理は平地よりも重要になる。特に大きな斜面では維持管理の計画をつくる必要がある。

時間をかけてつくる

（3）基本的に匍匐性(ほふく)の植物がいい

　初期の斜面の緑化のベースは匍匐性の植物が向いている。

ただしマント植生類は避ける。高木を覆いつくし、結果的に高木を枯らし、高木根のもつ土壌への緊束力をなくしてしまうことになるからだ。

▶ p.22 参照
▶ p.85「植物リスト」参照

（4）勾配の利用にあった植物を植える

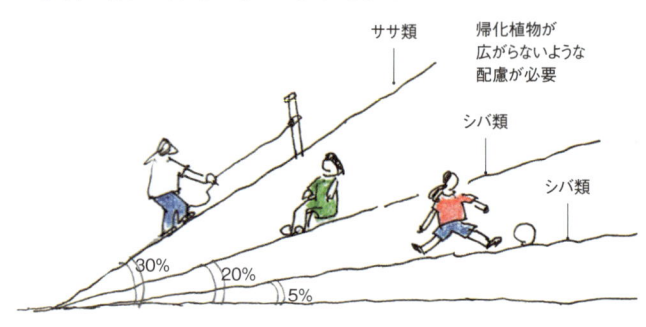

ササ類
帰化植物が広がらないような配慮が必要
シバ類
シバ類

30%　20%　5%

斜面と活動の目安。5%ぐらいまでがスポーツ、20%ぐらいは座るのによく、30%以上になると登るのが大変

一般にグラウンド、道路など活動面を設計するときは、その勾配表示に％を使う。例えば1％とは100mで1mの高低差をいう。水はけを考慮した一般的な外部での勾配（水勾配）は2〜3％。

緑の空間をつくるための「まめ知識」

（1）緑の設計仕様の用語

建築で素材を決めるのに、仕様書を書くのと同じように植栽図を書くときにも決められた書き方があり、日常生活ではあまり使わない言葉が用いられる。

[樹高] 木の高さは、根元から、細い枝先端までではなく、おおむね高さの90％ぐらいの部分を上端と考える。

[目通り] 人の腰より少し高いあたりの高さ（1.2m）の幹周りの長さ。一般にC=○.○mと記す。何本も幹がある株立ちのような場合は、それぞれのCの総和の70％を目通りとして記入する。

[葉張り] 樹木の葉っぱの広さをいう。

[芝付き] 木の根元の幹周りをいう。

[根巻き] 材料として入ってくる樹木の根を包む不織布等で、巻かれた直径を示す。

[根鉢] 植物を掘り出したときの根の周りの土のこと。一般には根巻きされた土のこと。

[支柱] 竹布掛支柱、竹・ハ

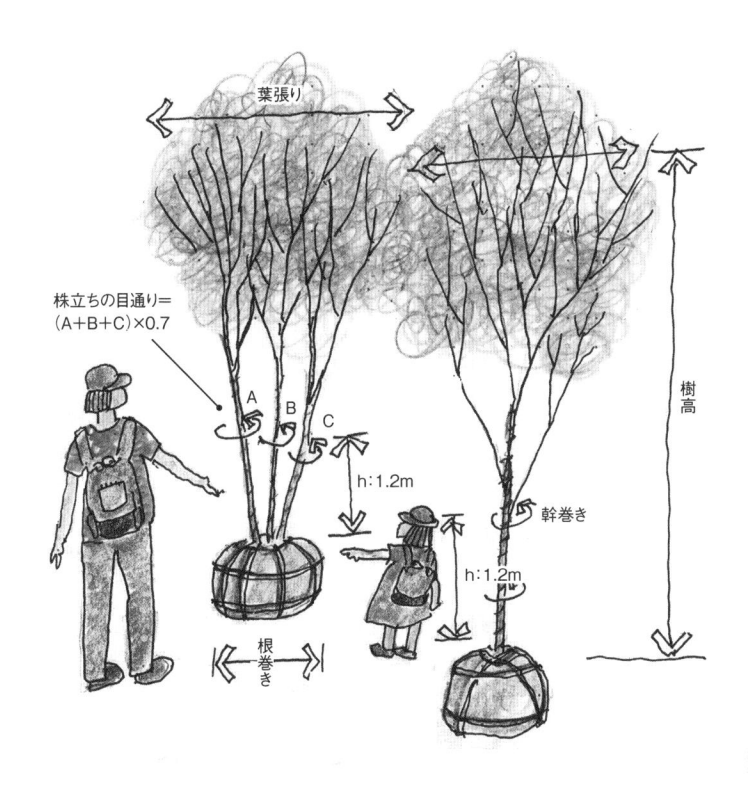

ツ掛支柱、十字鳥居支柱、四脚支柱（二脚鳥居組合せ）、丸太・八ツ掛支柱などのやり方があり、最近では地中で根巻きを固定する地下支持支柱という方法もある。それぞれ、木の大きさなどで仕様を変える。
特に支柱や根巻きの方法は国や地域によって様々なやり方があり、植栽することが場所柄、国柄を反映していることがよく分かる。
[切戻し剪定] 主枝を切り詰めて、側枝で樹形を整える技法。
[幹巻き] 樹木の樹肌が傷つかないように幹に麻等の布を巻き付けること。
[植栽枡] 植栽を植える場所。樹木のときの大きさの目安は条件によって様々だが、根鉢（根巻き）の最低直径の2.5倍の径は欲しい。
[植込み密度] 1m²に植えられる植物の本数で、低木は4〜9株程度が目安。地被類はポットの大きさにもよるが、一般に20〜30ポットが目安。雑木で林をつくろうとするときは、目通り15cmのもので10m²当たり2〜3本程度が目安。
[客土] 現場の土が植栽に合わない場合、外部から持ち込まれる土のこと。これにバーク堆肥などを合わせて植栽する。
[移植時期と剪定時期]
落葉樹…葉が落ちている間、一般に11月から2月あたりが剪定・植込み共によい。日差しが強い夏期は植込みを避ける。どうしてもするときは、葉を取り、葉数を減らし蒸散を押さえ水を十分に施す。
常緑樹…剪定・植込み共に新芽の固まる6、7月か寒くならない秋口がよい。こちらも日差しが強い真夏は避けたい。

（2）植物に関する用語

[アレロパシー（allelopathy）] 植物がほかの植物の成長を抑制する物質を出したり、自身に好まれる微生物を引き寄せたりする効果のことをいう。
[植物の形]
ペンデュラ…下垂性の植物の総称（例えばシダレヤナギ）。
ファスティギアータ…垂直性の総称（例えばポプラ）。
プロストラータ…ラテン語で地を這うという意味。枝が横に伸びていく匍匐性の植物の総称（ローズマリープロストラータスが有名）。
[モザイカルチャー] 金属の骨格の表面に色鮮やかな植物を植え込んで、多様な立体造形物をつくること。ツゲのほかにリガストリラム・デラバーヤナムというイボタ属のものが、一般にオブジェをつくるのに適しているとされるが、成長が早すぎる欠点も指摘されている。常緑ではないが、ドウダンツツジなども季節ごとの変化があり面白い。これに限らず、様々な樹種に可能性がある。いずれにしても発芽力が強く、刈込みに耐え、葉があまり大きくないものがふさわしい。

(3) 土に関する豆知識

緑の空間をつくるのに一番重要なのは敷地の土壌の状態である。ここでは基礎的なことのみ説明する。

[敷地の歴史] まずそこの敷地が以前は何に使われていたか確認する。工場であれば80％ぐらいの確率で土壌汚染されているので、必ず検査が必要である。かつて池であったりする場合は、水はけが悪いことが考えられる。

[土壌の水はけ] 植物を植えるのに重要である。これを見るには雨の翌日に敷地を見に行くのが最もよい。気がつかない敷地の斜面等もわかる。

[アルカリ度] 敷地がコンクリート廃材などで埋め立てられたところなど、水はけが異様によく、アルカリ度が高い土壌があったりするので、土地購入には注意が必要である。アルカリ度があまり高いと植物はまず活着しない。

[地盤改良] セメント系地盤改良などにより、建築に対する強度は出ているが、植栽に不向きな敷地になることもあるので注意する。

[土壌検査] 本文でも触れているが、簡易な土壌検査はホームセンター等の園芸コーナーなどで扱っている。

[作物の土壌改良の新しい考え方] 土の3大要素は窒素・リン酸・加里であり、これらがバランスよく含まれている土壌が作物に良好な土壌であるといわれている。そのため、これら3要素の不足分を補うことが土壌改良で重要であるとされてきたが、最近、異なる意見が自然農法を志向する人たちから出てきている。いわゆる菌根菌の活用による土壌改良法などである。まだまだ分からないことが自然にはある。

緑の空間に活用できる「植物リスト」

植物リストの読み方

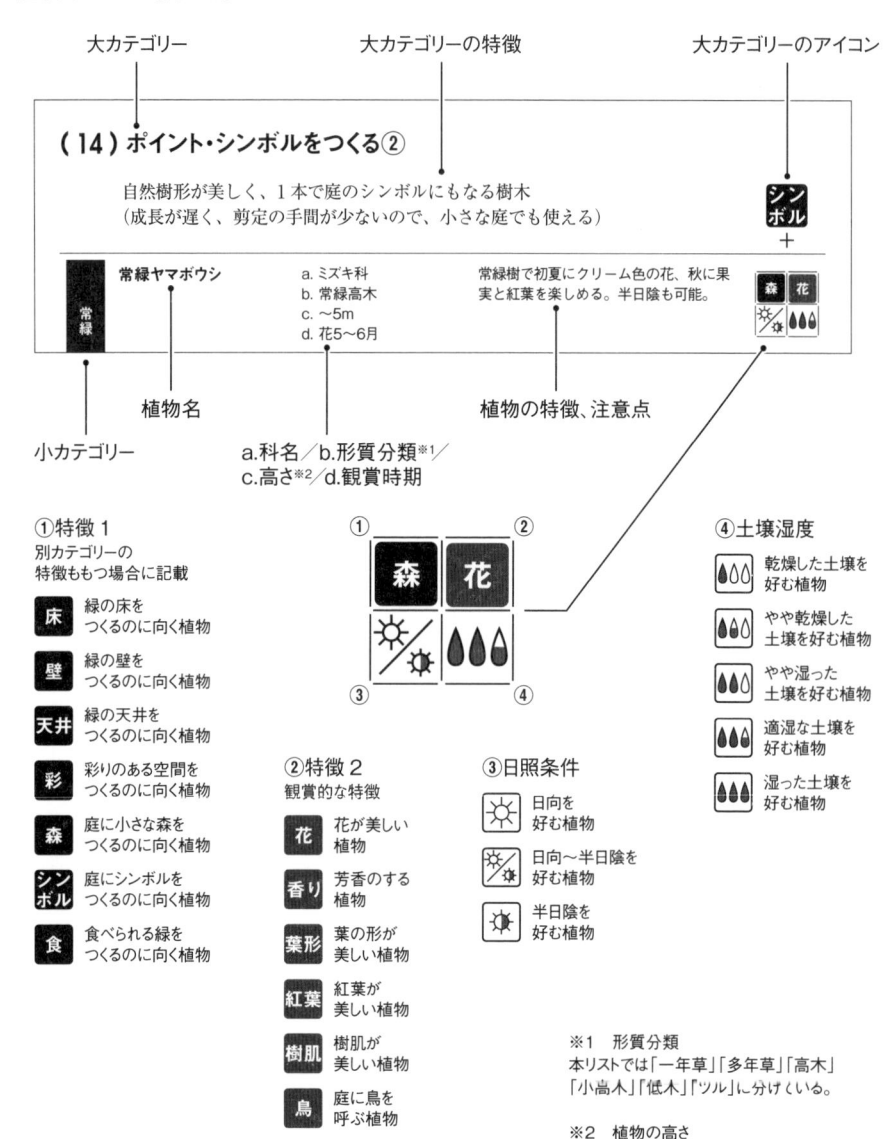

大カテゴリー　　　大カテゴリーの特徴　　　大カテゴリーのアイコン

(14) ポイント・シンボルをつくる②

自然樹形が美しく、1本で庭のシンボルにもなる樹木
（成長が遅く、剪定の手間が少ないので、小さな庭でも使える）

| 常緑 | 常緑ヤマボウシ | a. ミズキ科
b. 常緑高木
c. 〜5m
d. 花5〜6月 | 常緑樹で初夏にクリーム色の花、秋に果実と紅葉を楽しめる。半日陰も可能。 | 森 花
☀/☀ ♦♦♦ |

小カテゴリー　　植物名　　a.科名／b.形質分類※1　　植物の特徴、注意点
　　　　　　　　　　　　c.高さ※2／d.観賞時期

①特徴1
別カテゴリーの特徴ももつ場合に記載

- **床** 緑の床をつくるのに向く植物
- **壁** 緑の壁をつくるのに向く植物
- **天井** 緑の天井をつくるのに向く植物
- **彩** 彩りのある空間をつくるのに向く植物
- **森** 庭に小さな森をつくるのに向く植物
- **シンボル** 庭にシンボルをつくるのに向く植物
- **食** 食べられる緑をつくるのに向く植物

①　森　花　②
③　☀/☀　♦♦♦　④

②特徴2
観賞的な特徴

- **花** 花が美しい植物
- **香り** 芳香のする植物
- **葉形** 葉の形が美しい植物
- **紅葉** 紅葉が美しい植物
- **樹肌** 樹肌が美しい植物
- **鳥** 庭に鳥を呼ぶ植物

③日照条件

- ☀ 日向を好む植物
- ☀/☀ 日向〜半日陰を好む植物
- ☀ 半日陰を好む植物

④土壌湿度

- ♦♦♦ 乾燥した土壌を好む植物
- ♦♦♦ やや乾燥した土壌を好む植物
- ♦♦♦ やや湿った土壌を好む植物
- ♦♦♦ 適湿な土壌を好む植物
- ♦♦♦ 湿った土壌を好む植物

※1　形質分類
本リストでは「一年草」「多年草」「高木」「小高木」「低木」「ツル」に分けくいる。

※2　植物の高さ
本リストでは一般的な成長する高さ、また観賞に適した高さの最高値を記している。

(1) 緑の床をつくる①…歩ける

歩くことができる緑の床をつくるのに向いている植物
(高さはおおよそ15cmまでのもの)

床 +

踏みつけに耐える	ヒメコウライシバ	a. イネ科 b. 多年草 c. 5～10cm	夏シバ(暖地型シバ)。冬は地上部休眠。葉が細く繊細で密度も高い。**法面保護に向く。**	☀ ♦♦♦
	センチピードグラス	a. イネ科 b. 多年草 c. 5～10cm	夏シバ(暖地型シバ)。冬は地上部休眠。被覆+アレロパシー作用(▶p.83参照)により雑草を抑制する。**法面保護に向く。**	☀/☁ ♦♦♦
	クリーピングベントグラス ペンクロス	a. イネ科 b. 多年草 c. 5～10cm	冬シバ(寒地型シバ)。冬も緑。成長が早くこまめな管理が必要。寒地型の中では比較的暑さに強い。低く刈込みが可能。**オーバーシーディング**(▶p.22参照)に使われる。	☀ ♦♦♦
	ケンタッキーブルーグラス アワード	a. イネ科 b. 多年草 c. 5～10cm	冬シバ(寒地型シバ)。冬も緑。成長が早くこまめな管理が必要。寒地型の中では比較的暑さに強い。**オーバーシーディング**に使われる。	☀ ♦♦♦
多少の踏みつけに耐える	シロツメクサ	a. マメ科 b. 常緑多年草 c. 10～15cm d. 花4～10月	匍匐してマット状に。常緑で春に白花。やや乾燥を好む。生育旺盛のため管理に注意。品種により葉色は黒、赤紫、銀色など多彩。	☀ ♦♦♦
	ディコンドラ	a. ヒルガオ科 b. 常緑多年草 c. 5～10cm	匍匐してマット状に。耐陰性がやや強く、葉は丸く緑色。手間がかからない。関東以北で冬に黄葉する。**品種→セリケア:銀葉、耐陰性は弱い。**	☀/☁ ♦♦♦
	ヒメイワダレソウ	a. クマツヅラ科 b. 多年草 c. 5～15cm d. 花6～9月	匍匐してマット状に。夏に白花。冬は地上部が枯れる。被覆+アレロパシー作用により雑草を抑制。**法面保護に向く。**	☀/☁ ♦♦♦
	タマリュウ	a. ユリ科 b. 常緑多年草 c. 5～10cm	ジャノヒゲ(リュウノヒゲの別名)の矮性種。葉は濃緑で多少の日陰に耐える。手間がかからない。	☀/☁ ♦♦♦

(2) 緑の床をつくる②…外から見る・低い

頻繁な歩行には向かないが観賞性の高い低い床(3cm)を
つくるのに向く植物から、観賞性のみに向く植物(60cmまでのもの)

床 +

日向を好むもの	シバザクラ	a. ハナシノブ科 b. 常緑多年草 c. 5～15cm d. 花3～5月	匍匐してマット状に。春は花のじゅうたんになる。乾燥した日向を好む。	花 ☀ ♦♦♦
	ツルハナシノブ	a. ハナシノブ科 b. 常緑多年草 c. 15～30cm d. 花4～6月	匍匐してマット状に。春に淡紫の花。花姿や花色は控えめ。	花 ☀/☁ ♦♦♦

	名称	特徴	説明	アイコン
日向を好むもの	サギゴケ	a. ゴマノハグサ科 b. 常緑多年草 c. 3〜6cm d. 花3〜5月	匍匐してマット状に。常緑で春に白や淡紅色の花。適湿を好む。日本原産。	花／☀／💧💧💧
	タツタナデシコ	a. ナデシコ科 b. 常緑多年草 c. 10〜15cm d. 花5〜7月	匍匐してマット状に。春から夏に淡紅の花。葉は灰青色で、花のない時期は青い芝生のようにも見える。四季咲き品種もある。	彩 花／☀／💧💧💧
	ブラキカム	a. キク科 b. 常緑多年草 c. 15〜30cm d. 花3〜11月	花色は藤色、ピンク、白など。花姿は控えめでヒメコスモスとも呼ばれる。一年草もあるので注意。やや寒さに弱い。	花／☀／💧💧💧
	マツバギク	a. ツルナ科 b. 常緑多年草 c. 10〜20cm d. 花5〜9月	匍匐してマット状に。葉は多肉質で濃緑。花色は多彩。乾燥に強い。法面や石垣などにも着生。	花／☀／💧💧💧
	ハナニラ	a. ユリ科 b. 多年草（球根） c. 10〜20cm d. 花3〜4月	春に星形の白花。夏に葉は倒れ目立たなくなる。育てやすい。群生させれば花のじゅうたんになる。	花／☀／💧💧💧
	スイセン	a. ヒガンバナ科 b. 多年草（球根） c. 10〜30cm d. 花12〜4月	冬から春に黄色や白花。花の形が多彩。育てやすい。	花／☀／💧💧💧
	ハイビャクシン	a. ヒノキ科 b. 常緑低木 c. 20〜40cm	這性の低木。乾燥に強い。品種により葉色は緑、青、黄色など多彩。	／☀／💧💧💧
	アベリア ホープレイズ	a. スイカズラ科 b. 常緑低木 c. 20〜40cm d. 花5〜10月	矮性のアベリア。葉色は斑入りで明るく春から秋に長期の白花。蝶を呼ぶ。	彩／☀／💧💧💧
半日陰に耐えるもの	ビンカ ミノール	a. キョウチクトウ科 b. 常緑ツル d. 花4〜6月	匍匐して緻密なマット状に。上には伸びない。半日陰を好む。	／☀☁／💧💧💧
	ヘデラ ヘリックス	a. ウコギ科 b. 常緑ツル	匍匐してマット状に。下垂、登はんもする。**品種→ゴールドチャイルド：明るい黄斑葉。**	／☀☁／💧💧💧
	ハツユキカズラ	a. キョウチクトウ科 b. 常緑多年草 c. 10〜30cm	匍匐してマット状に。葉の新芽は薄紅色で徐々に白みが強くなり、その後は濃緑色に。湿った日向から半日陰を好む。	／☀☁／💧💧💧
	ムスカリ	a. ユリ科 b. 多年草（球根） c. 10〜20cm d. 花3〜4月	春に鮮やかな青紫の花。葉は細長く肉厚。群植すると青い絨毯のようになる。	花／☀☁／💧💧💧

	名称	特徴	説明	
半日陰に耐えるもの	ギンパイソウ	a. ナス科 b. 多年草 c. 5〜10cm d. 花6〜9月	匍匐してマット状に。春に白花。冬は地上部が枯れる。半日陰を好む。	花 ☀ 💧💧💧
	アジュガ	a. シソ科 b. 常緑多年草 c. 10〜20cm d. 花4〜5月	匍匐してマット状に。成長は遅い。春に青い花。	彩 花 ☀ 💧💧💧
	フッキソウ	a. ツゲ科 b. 常緑多年草 c. 10〜30cm	匍匐してマット状に。葉はへら型で肉厚。**品種→フイリフッキソウ：斑入り葉。**	葉形 ☀ 💧💧💧
	クリスマスローズ	a. キンポウゲ科 b. 常緑多年草 c. 15〜30cm d. 花1〜4月	冬から春と花期が長い。株分けで増やせる。	花 ☀ 💧💧💧
	カタヒバ	a. イワヒバ科 b. 多年草 c. 10〜20cm	シダ植物。葉はヒノキの葉に似る。秋に紅葉。石垣などにも着生。	葉形
	イノモトソウ	a. イノモトソウ科 b. 多年草 c. 20〜40cm	シダ植物。葉は掌状でササに似る。石垣などにも着生。**品種→フイリイノモトソウ：斑入り葉、耐陰性はやや弱い。**	葉形 ☀ 💧💧💧
	タチシノブ	a. ホウライシダ科 b. 多年草 c. 20〜40cm	シダ植物。葉は細くニンジンの葉に似たレース状。石垣などにも着生。	葉形 ☀ 💧💧💧
	コグマザサ	a. イネ科 b. 常緑多年草 c. 15〜30cm	匍匐してマット状に。葉は風情があり明るめ。**法面保護に向く。**	☀ 💧💧💧
	セイヨウイワナンテン レインボー	a. ツツジ科 b. 常緑低木 c. 30〜60cm	年間を通じて葉色が変化。新芽は淡紅色や斑入りで秋に紅葉。枝は枝垂れる。	彩 ☀/☁ 💧💧💧
	ヒペリカム カリシナム	a. オトギリソウ科 b. 常緑低木 c. 20〜50cm d. 花6〜8月	初夏に黄色い花が上向きに付く。	花 ☀/☁ 💧💧💧
	コクチナシ	a. アカネ科 b. 常緑低木 c. 20〜50cm d. 花6〜7月	葉は小さく濃緑で光沢がある。初夏に香りの良い白い花。	香り ☀ 💧💧💧
	ヒカゲツツジ	a. ツツジ科 b. 常緑低木 c. 30〜60cm d. 花3〜4月	春に淡黄色の花。秋に紅葉。雑木林の低木に向く。	森 花 ☀/☁ 💧💧💧

(3) 緑の床をつくる①…外から見る・高い

観賞性の高い緑の床をつくるのに向いている植物
(高さはおおよそ 1.5m までのもの)

床 +

落葉	カワラナデシコ	a. ナデシコ科 b. 多年草 c. 30〜60cm d. 花5〜8月	初夏に淡紅や白い花。花は先端が裂けて糸状。秋の七草。	花 / ☼ ♦♦♦
	オミナエシ	a. オミナエシ科 b. 半常緑多年草 c. 60〜160cm d. 花8〜10月	夏に茎を伸ばし多数の黄色の花。秋の七草。	花 / ☼ ♦♦♦
	シュウメイギク	a. キンポウゲ科 b. 多年草 c. 40〜130cm d. 花8〜10月	秋に茎を伸ばし、花は淡紅で可憐。葉は主に根元に集中。半日陰を好む。	花 / ☼ ♦♦♦
	クリナム パウエリー	a. ヒガンバナ科 b. 半常緑多年草(球根) c. 60〜100cm d. 花6〜7月	夏に淡紅の花。葉は常緑。	花 / ☼ ♦♦♦
常緑	アカンサス	a. キツネノマゴ科 b. 常緑多年草 c. 40〜80cm(花100〜150cm) d. 花6〜8月	初夏に咲く雄大な花穂が目を引く。葉は濃緑でアザミのような形。	花 / ☼ ♦♦♦
	アガパンサス	a. ユリ科 b. 常緑多年草(球根) c. 30〜40cm(花100〜120cm) d. 花6〜7月	初夏に花茎を伸ばし、花は淡紫で優雅。株分けで増やせる。高さ 30cm の矮性種もある。	花 / ☼ ♦♦♦
	ユリオプスデージー	a. キク科 b. 常緑多年草 c. 50〜150cm d. 花10〜4月	晩秋から春に黄色の花。葉は薄銀色で細く裂け繊細。	彩 花 / ☼ ♦♦♦
	モクビャッコウ	a. キク科 b. 常緑低木 c. 30〜50cm d. 花6〜7月	銀色の葉の低木。乾燥に強い。寒さに弱い。	彩 / ☼ ♦♦♦

(4) 彩る

葉色が鮮やかで、彩り豊かな緑の空間をつくるのに向いているカラーリーフの植物
(カラーリーフは、一般に成長が遅く、耐陰性が弱いものが多い)

彩 +

青・銀葉	ラミウム マクラツム	a. シソ科 b. 常緑多年草 c. 10〜30cm d. 花5〜7月	匍匐してマット状に。葉の中央部が広く**銀色の斑入り**。初夏に濃桃色の花。他品種→ガレオブドロン：黄色の花。	☼ ♦♦♦

分類	名称	分類情報	説明	記号
青・銀葉	シロタエギク	a. キク科 b. 常緑多年草 c. 20〜50cm	銀色の葉が美しい。乾燥した日向を好む。他の植物の色を引き立てる。	☀ 💧💧💧
青・銀葉	ギボウシ ブルーシャドー	a. ユリ科 b. 多年草 c. 15〜60cm d. 花6〜8月	ギボウシの葉が青い品種。自然で存在感のある葉が美しい。品種により葉の形や色が多彩。	葉形 ☀ 💧💧💧
青・銀葉	フェスツカ グラウカ	a. イネ科 b. 常緑多年草 c. 20〜50cm	匍匐してマット状に。葉は線状で灰青色。乾燥に強い。	☀/☁ 💧💧💧
赤・銅葉	ツボサンゴ オータムリーブス (ヒューケラ オータムリーブス)	a. ユキノシタ科 b. 常緑多年草 c. 15〜30cm(花50〜60cm) d. 花5〜7月	葉は赤橙色で初夏に薄いピンクの花。半日陰を好む。手間は少ない。品種により葉色は緑、赤紫、斑入り等多彩。	☀/☁ 💧💧💧
赤・銅葉	ペニセタム セタケウム ルブラム (パープル ファウンテングラス)	a. イネ科 b. 多年草 c. 60〜150cm d. 花穂7〜11月	葉は赤銅色で夏から秋の花穂も赤銅色。寒さに弱い。	☀ 💧💧💧
赤・銅葉	ベニチガヤ	a. イネ科 b. 多年草 c. 20〜50cm	匍匐してマット状に。葉先が赤褐色の品種で、秋は紅葉でより赤みを増す。繁殖力旺盛なので管理に注意。	☀ 💧💧💧
赤・銅葉	スモークツリー グレース	a. ウルシ科 b. 落葉高木 c. 〜400cm d. 花穂5〜6月	葉は芽吹き時に赤銅色で緑銅色に変化、秋に赤銅色に紅葉。春に赤紫色の花穂。樹形は暴れやすいので落葉期に強剪定するとよい。	シンボル ☀/☁ 💧💧💧
黄葉	リシマキア ヌムラリア	a. サクラソウ科 b. 半常緑多年草 c. 10〜15cm	匍匐してマット状に。葉は丸く、明るい黄緑。法面や石垣などにも着生。湿気を好む。やや高温多湿に弱い。品種により葉色は赤銅葉などもある。	☀/☁ 💧💧💧
黄葉	フィリフェラ オーレア	a. ヒノキ科 b. 常緑低木 c. 50〜100cm	葉は柔らかく、細くて枝垂れる。葉色は年間を通して明るい黄色。サワラの仲間。	壁 ☀/☁ 💧💧💧
黄葉	オウゴンフウチソウ	a. イネ科 b. 多年草 c. 20〜50cm	フウチソウの葉が黄色の品種。葉先が風になびく。半日陰を好む。あまり広がらず管理しやすい。品種により葉色は緑、紅、斑入りなど多彩。	☀ 💧💧💧
黄葉	オウゴンバアジサイ	a. アジサイ科 b. 落葉低木 c. 80〜120cm d. 花6〜7月	アジサイの葉が明るい黄色の品種。半日陰を明るく見せる。	☀ 💧💧💧
黒葉	コクリュウ	a. ユリ科 b. 常緑多年草 c. 10〜20cm	ジャノヒゲの葉が黒褐色の品種。成長は遅い。他品種→ハクリュウ：白い斑入り葉。	☀/☁ 💧💧💧
黒葉	ニューサイラン ブラックレイジ	a. リュウゼツラン科 b. 常緑多年草 c. 80〜120cm	ニューサイランの葉が黒色の品種。葉の形は直線的で存在感がある。やや寒さに弱い。品種により葉色は緑、銅、斑入りなど多彩。	☀/☁ 💧💧💧

（5）緑の壁をつくる①…高い

樹高が高く刈込み整形しやすいため、大きな緑の壁をつくるのに向いている樹木

※カイズカイブキ、サワラヒバなどの針葉樹は、表面は青々していても、日当たりが悪い内部の枯れた箇所からは発芽しにくくなる。この種のもので壁をつくるときは、はじめに設定した厚みを後で薄くすることは難しい。

分類	樹種	科・樹形・樹高	特徴	環境
針葉樹の生垣	イヌマキ	a. マキ科 b. 常緑高木 c. 〜4m	葉は細長い針葉。密に茂る。成長が遅く手間は少なめ。潮風に強い。刈込みによく耐え、腰壁や小さめの天井にもなる。	壁＋天井
	カイズカイブキ	a. ヒノキ科 b. 常緑高木 c. 〜4m	葉は密に茂り、特に遮断効果が高い。側枝が旋回して火焔状に。剪定に注意（上記※の理由により）が必要。	
	イチイ	a. イチイ科 b. 常緑高木 c. 〜4m	葉は小さく繊細な針葉。密に茂る。成長が遅く手間は少なめ。耐寒性がある。	
	サワラヒバ	a. ヒノキ科 b. 常緑高木 c. 〜4m	葉は小さい針葉。隙間なく密に茂る。成長が早い。剪定に注意（上記※の理由により）が必要。	
広葉樹の生垣	ネズミモチ	a. モクセイ科 b. 常緑高木 c. 〜4m	葉は濃緑で光沢がある。冬の紅い実が野鳥を呼ぶ。耐陰性がある。観賞用の斑入り種もある。	
	シイモチ	a. モチノキ科 b. 常緑高木 c. 〜4m	葉は小さく明るめで光沢がある。冬の紅い実が野鳥を呼ぶ。寒さに弱い。関東での生産量は少ない。	
	ウバメガシ	a. ブナ科 b. 常緑高木 c. 〜4m	葉は小さく濃緑。密に茂る。成長が遅く手間は少なめ。潮風に強い。	
	ブナ	a. ブナ科 b. 落葉高木 c. 〜4m	春の新緑、秋の黄葉が美しい。樹肌は灰白色。春まで枯葉が残るため茶色の生垣になる。	
花の咲く生垣	キンモクセイ	a. モクセイ科 b. 常緑高木 c. 〜3m d. 花9月	葉は濃緑で光沢あり。秋に香りのよい黄色い花が咲く。	香り
	トキワマンサク	a. マンサク科 b. 常緑高木 c. 〜3m d. 花4〜5月	葉は小さく明るめで春に白花。密に茂る。春に樹木全体が花で覆われる。寒さに弱い。 **品種→ベニバナトキワマンサク：紅花。**	花

(6) 緑の壁をつくる②…ツル植物

コンクリートの壁・フェンス・アーチなどに絡ませて、
緑の壁などをつくるのに向いているツル植物

※ツル植物には主に、吸着根で壁に張り付いて登るもの、
巻きひげを絡ませてフェンス等を登るもの、幹自体を巻き付けてフェンス等を登るもの、
人為的に誘引してフェンス等を登らせるものなどがある。

分類	植物名	科・性質	特徴	
壁等の緑化	オオイタビカズラ	a. クワ科 b. 常緑ツル	吸着根で壁を登る。密に壁を覆い、手間も少ない。やや寒さに弱い。	☀/☁ ♦♦♦
	ヘンリーヅタ	a. ブドウ科 b. 落葉ツル	吸着根で壁を登る。葉の姿、紅葉が美しい。下垂させてもよい。生育旺盛。	紅葉 ☀/☁ ♦♦♦
メッシュフェンス等の緑化	テイカカズラ	a. キョウチクトウ科 b. 常緑ツル d. 花5〜6月	吸着根、巻付きで壁やフェンスを登る。日陰に強い。斑入りはニシキテイカカズラ。	☀/☁ ♦♦♦
	ツルハナナス	a. ナス科 b. 常緑ツル d. 花7〜9月	巻付きでフェンスやアーチを登る。花期が長く美しい。こまめな切戻し剪定(p.82参照)が必要。	花 ☀ ♦♦♦
	モッコウバラ	a. バラ科 b. 常緑ツル d. 花4〜5月	誘引してフェンス等を登らせる。花は白と黄。とげがなく病気も少なく育てやすい。徒長枝が出やすい。	花 ☀ ♦♦♦
	オカワカメ	a. ツルムラサキ科 b. 落葉ツル	生育旺盛で夏に緑のカーテンによい。葉は光沢があり肉質で卵形。食用で栄養価が高い。	食 ☀ ♦♦♦

(7) 緑の腰壁をつくる…低い

樹高が低く刈込み整形しやすい、または樹高が低く自然樹形が美しいため、
小さな緑の壁をつくるのに向いている樹木

分類	植物名	科・性質	特徴	
常緑の低生垣	イヌツゲ	a. モチノキ科 b. 常緑低木 d. 〜1m	葉は非常に小さく濃緑で光沢がある。密に茂る。耐陰性がある。刈り込むと整然とした印象になる。	☀/☁ ♦♦♦
	プリペット	a. モクセイ科 b. 半常緑低木 d. 〜1.5m	葉は小さく明るめ。成長が早い。自然樹形仕立ても可能。**品種→シルバープリペット：斑入り葉**。	彩 ☀ ♦♦♦
	シャリンバイ	a. バラ科 b. 常緑低木 c. 〜1m d. 花5〜6月	葉は濃緑で光沢がある。初夏に梅に似た白い花。潮風、乾燥に強い。	☀ ♦♦♦
	トクサ	a. トクサ科 b. 常緑多年草 c. 〜0.6m	小型の竹のような特徴的な姿。防根シートで地下茎制御が必要。	葉形 ☀ ♦♦♦

紅葉する低生垣	ニシキギ	a. ニシキギ科 b. 落葉低木 c. ～1m d. 紅葉10～11月	葉は小さく明るめ。紅葉が美しい。日陰にも強い。自然樹形仕立ても可能。	紅葉
	ドウダンツツジ	a. ツツジ科 b. 落葉低木 c. ～1m d. 花4月／紅葉11月	葉は小さく明るめ。春に花、秋に紅葉が美しい。自然樹形仕立ても可能。**最大6m**ほどにもなり「**小さな森をつくる**」としても使える（▶ p.40 参照）。	森 紅葉
花の咲く低生垣	ヤマブキ	a. バラ科 b. 落葉低木 c. ～1m d. 花4～5月	葉は繊細で濃緑。春に黄色の花。枝垂れの自然樹形。多湿を好む。	花
	ユキヤナギ	a. バラ科 b. 落葉低木 c. ～1.5m d. 花3～5月	葉は小さく明るめ。春に樹木全体が白花で覆われる。枝垂れの自然樹形。	花
とげのある低生垣	メギ	a. メギ科 b. 落葉低木 c. ～1.5m	葉色は赤や黄色など品種多数。ブッシュ状の自然樹形。とげがあり侵入を抑制する。	
	ピラカンサ	a. バラ科 b. 常緑低木 c. ～1.8m d. 実10～2月	葉は細く濃緑で光沢がある。密に茂る。秋に紅い実が美しい。とげがあり侵入を抑制する。	

（8）緑の天井をつくる①

葉張りがあり、刈込みに耐え整形しやすいため、
緑の天井をつくるのに向いている樹木

※樹木の間隔は 4m 程度が適当。植栽当初2年ほどは枝を横に誘引する。

天井
＋

落葉	プラタナス	a. スズカケノキ科 b. 落葉高木 c. ～10m	初夏の緑や灰白色の幹が美しい。海外では巨大な自然形の美しい並木が見られる。	樹肌
	イチョウ	a. イチョウ科 b. 落葉高木 c. ～10m	黄葉が美しい。自然樹形は雄大な扇形になる。	紅葉
	トウカエデ	a. カエデ科 b. 落葉高木 c. ～8m	春の新緑、秋の紅葉が美しい。	紅葉
	アキニレ	a. ニレ科 b. 落葉高木 c. ～8m	紅葉が美しい。葉は小さく硬い。枝が横に伸びやすいため特に天井をつくりやすい。	紅葉
常緑	シラカシ	a. ブナ科 b. 常緑高木 c. ～8m	常緑樹の中では葉色が明るい。生垣利用が多い。9月頃、実が熟す前に剪定すれば、実によって舗装を汚すことはない。	壁

常緑	スダジイ	a. ブナ科 b. 常緑高木 c. 〜8m	葉は濃緑。暖地を好む。樹液が多く、樹下の舗装などの汚れに注意が必要。	

(9) 緑の天井をつくる…ツル植物

パーゴラなどに絡ませて、緑の天井をつくるのに向いているツル植物

※ツル植物には主に、吸着根で壁に張り付いて登るもの、巻きひげを絡ませてフェンス等を登るもの、幹自体を巻き付けてフェンス等を登るもの、人為的に誘引してフェンス等を登らせるものなどがある。

天井 +

落葉	フジ	a. マメ科 b. 落葉ツル d. 花4〜5月	巻付きで柱やフェンス等を登り棚上に広がる。春に穂のような美しい花を咲かせる。	花
落葉	ノウゼンカズラ	a. ノウゼンカズラ科 b. 落葉ツル d. 花7〜8月	吸着根、巻付きで壁やフェンスを登り棚上に広がる。夏に橙色の花を咲かせる。	花
常緑	ハゴロモジャスミン	a. モクセイ科 b. 常緑ツル d. 花3〜6月	巻付きで柱やフェンスを登り棚上に広がる。香りの強い白花を咲かせる。暖地は屋外で越冬する。	花
常緑	クレマチスアルマンディー	a. キンポウゲ科 b. 常緑ツル d. 花4〜5月	葉柄を絡ませながらフェンス等を登り棚上に広がる。春に白や薄ピンクの花を咲かせる（▶ p.33 参照）。	花
果樹	キウイ	a. マタタビ科 b. 落葉ツル d. 収穫10〜11月	巻付きで柱等を登り棚上に広がる。秋に食用の実。巻付きの力が強いので注意が必要。**品種→サルナシ：原種で生育旺盛、果実は小さく甘い。**	食
果樹	ブドウ	a. ブドウ科 b. 落葉ツル d. 収穫8〜10月	巻きひげで柱やフェンスを登り棚上に広がる。実がなりにくい品種（台木用品種）で日除けにもなる。	食

(10) 自然樹形を生かす①…ペンデュラ

自然樹形が美しく、枝垂れ姿が美しい樹木

針葉樹・落葉広葉樹	アトラスシーダーグラウカペンデュラ	a. マツ科 b. 常緑高木 c. 〜3m	銀青色の針葉。優美に枝垂れる。成長は遅く、幹が太くなるまでは支柱誘引が必要。	彩 壁
	シダレウメ	a. バラ科 b. 落葉高木 c. 〜6m d. 花2〜3月	早春、枝垂れた枝にたくさんの花。花色は白、紅、淡紅など。	シンボル 花
	シダレカツラ	a. カツラ科 b. 落葉高木 c. 〜6m	枝が急角度で枝垂れる。丸葉で春の芳香、秋の黄葉、冬の枝ぶりを楽しむ。	シンボル 天井

針葉樹・落葉広葉樹	シダレヤナギ	a. ヤナギ科 b. 落葉高木 c. 〜6m	枝が細く、下垂して風に揺れる姿が美しい。よく水辺に植えられる。	シンボル ☀ 💧💧💧
	アオシダレモミジ	a. カエデ科 b. 落葉高木 c. 〜3m d. 黄葉11月	葉は細く明るい緑色で美しい。秋に黄葉。成長は遅い。	彩 ☀ 💧💧💧
	シダレエゴ	a. エゴノキ科 b. 落葉高木 c. 〜4m d. 花5月	春に白い花を下向きに咲かせる。乾燥に弱い。	☀ 💧💧💧

（11）自然樹形を生かす②…ファスティギアータ

自然樹形が美しく、狭い庭でも円錐形で幅をとらない樹木

※広葉樹のものはテッポウムシ（カミキリムシの幼虫）が根元に入りやすいので薬剤防除を行うこと。

針葉樹	レイランディー ゴールドライダー	a. ヒノキ科 b. 常緑高木 c. 〜5m	黄金色の葉で日当たりがよいほど発色が強い。横幅が出やすいので繰り返し刈り込む。	彩 ☀ 💧💧💧
	コロラドビャクシン ブルーアロー	a. ヒノキ科 b. 常緑高木 c. 〜5m	青色の葉で、樹形は狭円錐形。冬は若干ベージュに紅葉。	彩 ☀ 💧💧💧
広葉樹	ハナモモ 照手	a. バラ科 b. 落葉高木 c. 〜6m d. 花4月	春に枝いっぱいの花が美しい。花色は白、桃、紅など。立ち性、枝垂れ性の品種も。実は食べられない。	花 ☀ 💧💧💧
	ベニカエデ アームストロング	a. カエデ科 b. 落葉高木 c. 〜6m	葉は秋に紅葉。テッポウムシに注意。	紅葉 ☀ 💧💧💧
	セイヨウシデ ファスティギアータ	a. カバノキ科 b. 落葉高木 c. 〜6m	葉は秋に黄葉。枝葉が密で樹形が乱れにくい。テッポウムシに注意。	☀ 💧💧💧
	イギリスナラ ファスティギアータ	a. ブナ科 b. 落葉高木 c. 〜6m	カシワに似た独特の葉形。秋に黄葉。冬も枝に葉が残る。斑入り葉や黄金葉の品種もある。テッポウムシに注意。	☀ 💧💧💧

(12) 小さな森をつくる

自然樹形が美しく樹高もあまり大きくならないため、
庭に小さな森をつくるのに向いている樹木
※地被類は「緑の床をつくる」の「半日陰に耐えるもの」から選ぶとよい。

森 +

分類	樹種	科・性状など	特徴	記号
常緑	ソヨゴ	a. モチノキ科 b. 常緑高木 c. 〜6m	常緑樹としては繊細な樹形。株立ちが美しい。雌雄異株で、雌株は秋に野鳥を呼ぶ紅い実をつける。	半日向 ♦♦♦
常緑	ハイノキ	a. ハイノキ科 b. 常緑高木 c. 〜6m d. 花5〜6月	白い小さな花の咲く常緑樹。葉が落葉樹のように細かく繊細。成長が遅く管理は容易。	日向 ♦♦♦
樹肌	リョウブ	a. リョウブ科 b. 落葉高木 c. 〜6m	夏に白い花を穂状に咲かせる。幹は樹皮がはがれて滑らかな茶褐色になる。	樹肌 / 日向 ♦♦♦
樹肌	アオハダ	a. モチノキ科 b. 落葉高木 c. 〜6m	自然樹形。秋の黄葉と冬の紅い実が美しい。成長が遅く管理は容易。幹は灰白色で内皮は緑色。	樹肌 / 半日向 ♦♦♦
紅葉・黄葉	オトコヨウゾメ	a. スイカズラ科 b. 落葉小高木 c. 〜3m	秋、深い色に紅葉しサクランボのような実をつける。自然樹形。日陰に強い。	紅葉 / 日向 ♦♦♦
紅葉・黄葉	マルバノキ	a. マンサク科 b. 落葉小高木 c. 〜4m d. 花10〜11月	丸い葉。花は紅色でマンサクに似る。春の新緑、秋の紅葉が美しい。	紅葉 / 半日向 ♦♦♦
紅葉・黄葉	クロモジ	a. クスノキ科 b. 落葉小高木 c. 〜4m	春の新緑、秋の黄葉が楽しめる。株立ちが美しい自然樹形。	紅葉 / 日向 ♦♦♦
紅葉・黄葉	コハウチワカエデ	a. カエデ科 b. 落葉高木 c. 〜6m	葉が細かく繊細で自然な樹形。紅葉が美しい。	紅葉 / 半日向 ♦♦♦
冬に花	ロウバイ	a. ロウバイ科 b. 落葉小高木 c. 〜4m d. 花1〜2月	花は黄色く香りがよい。冬の庭を彩る。	花 / 半日向 ♦♦♦
冬に花	ダンコウバイ	a. クスノキ科 b. 落葉高木 c. 〜6m d. 花3月	早春に黄色い花、秋に黄葉が美しい。自然樹形。	花 / 日向 ♦♦♦
冬に鳥を呼ぶ実	ツリバナ	a. ニシキギ科 b. 落葉小高木 c. 〜4m	秋に紅い実を吊り下げるようにつける。自然樹形。水分を好む。	鳥 / 半日向 ♦♦♦
冬に鳥を呼ぶ実	ウメモドキ	a. モチノキ科 b. 落葉小高木 c. 〜4m	雌雄異株。雌株は秋から冬に野鳥を呼ぶ紅い実をつけた姿は風情がある。	鳥 / 半日向 ♦♦♦

低木	アセビ	a. ツツジ科 b. 常緑低木 c. 〜2m	日影に強い。房状の小さな花が美しい。自然樹形。有毒のため注意。**品種→ヒメアセビ：小型。フクリンアセビ：斑入り葉。**	☼ ♦♦♦
	アオキ	a. ミズキ科 b. 常緑低木 c. 〜1.5m	日陰に強い。斑入り葉の品種もあり、冬の紅い実が美しい。剪定で枝数少なく樹形を整える。	☼ ♦♦♦

(13) ポイント・シンボルをつくる①…広い場所

自然樹形が美しく、1本で庭のシンボルにもなる樹木（大きなスペースが必要）　**シンボル +**

常緑	クスノキ	a. クスノキ科 b. 常緑高木 c. 〜8m	葉は濃緑で光沢がある。春の若葉は明るい黄色。樟脳の香り。長寿。寒さに弱い。	☼ ♦♦♦
	クロマツ	a. マツ科 b. 常緑高木 c. 〜8m	樹皮は灰黒色。枝はやや下に伸び力強い樹形。半日陰、潮風に強い。剪定は枝を摘む。長寿。	☼ ♦♦♦
落葉	ケヤキ	a. ニレ科 b. 落葉高木 c. 〜10m	扇形の樹形が美しい。葉は細かく新緑や黄葉が美しい。**品種→ツクモケヤキ：小型。ケヤキムサシノ：ファスティギアータ樹形。**	紅葉 ☼ ♦♦♦
	モミジバフウ	a. フウ科 b. 落葉高木 c. 〜8m d. 花4月	マンサク科フウ属。葉はモミジに似る。秋の紅葉や、落葉後に実を吊り下げる姿が美しい。	紅葉 ☼ ♦♦♦
	ヤマザクラ	a. バラ科 b. 落葉高木 c. 〜8m d. 花4月	4月上旬の白い花が美しい。開花時期に紅い葉も出る。サクラ類の中では病虫害に強い部類。	花 ☼ ♦♦♦
	シダレザクラ	a. バラ科 b. 落葉高木 c. 〜8m d. 花3〜4月	3月下旬の淡紅色の花が美しい。枝が長く垂れる。長寿であるが、病虫害に注意が必要。	花 ☼ ♦♦♦

(14) ポイント・シンボルをつくる②

自然樹形が美しく、1本で庭のシンボルにもなる樹木
（成長が遅く、剪定の手間が少ないので、小さな庭でも使える）　**シンボル +**

常緑	常緑ヤマボウシ	a. ミズキ科 b. 常緑高木 c. 〜5m d. 花5〜6月	常緑樹で初夏にクリーム色の花、秋に果実と紅葉を楽しめる。半日陰も可能。	森 花 ☼ ♦♦♦
	スホウチク	a. イネ科 b. 常緑小高木 c. 〜4m	黄色く細い稈が美しい。バンブー類に当たり、普通のタケのように地下茎が広がらず、株立ちになる。	壁 ☼ ♦♦♦

落葉	ヒメシャラ	a. ツバキ科 b. 落葉高木 c. ～6m d. 花6～7月	樹形、赤褐色の滑らかな樹肌、新緑、初夏の白い花が美しい。西日に注意。成長が遅い。	森 花 ☼/☽ ♦♦♦
	アオダモ	a. モクセイ科 b. 落葉小高木 c. ～4m d. 花4～5月	明るい葉、樹形、シラカバのような樹肌が美しい。白い小花。成長が遅い。	森 樹肌 ☼ ♦♦♦
	コブシ	a. モクレン科 b. 落葉高木 c. ～6m d. 花3月	3月中旬に芳香のする大きな白い花。花はモクレンより小さく葉が1枚つく。花のある天井空間をつくるのによい。	天井 花 ☼ ♦♦♦
	ヤマモミジ	a. カエデ科 b. 落葉高木 c. ～5m d. 紅葉10～11月	特徴ある葉の形で、春夏の木漏れ日、秋の紅葉が美しい。半日陰も可能。	森 紅葉 ☼/☽ ♦♦♦

(15) 水辺をつくる

水辺～水際～水面の風景や生態系をつくるのに向いている植物

水性植物の分類

[**湿生植物**] 根は水中に浸からず、湿った場所に生息する植物。多少、水に浸かっても問題はない。

[**抽水植物**] 根が水中にあり、茎や葉の一部が水面から出ている植物。

[**浮葉植物**] 根は水底にあり、葉を水上に浮かべる植物。生育過程で浮葉植物から抽水植物になるものもある。

[**沈水植物**] 根は水底にあり、茎や葉の全体が水面下にある植物。セキショウモなど繁殖力が高いものが多く管理に注意が必要。

[**浮遊植物**] 水に浮遊する植物。ホテイアオイなど繁殖力が高いものが多く管理に注意が必要。

高木	ハンノキ	a. カバノキ科 b. 落葉高木 c. ～8m	冬に黄色い花穂。乾燥地にも強い。古くからわさび田の日除け、稲穂のはぜかけに利用される。	☼ ♦♦♦
	ヤチダモ	a. モクセイ科 b. 落葉高木 c. ～8m	秋に黄葉。幹が正円で真っ直ぐ伸びることで、気持ちのよい渓畔林をつくる。	☼ ♦♦♦
	ラクウショウ	a. スギ科 b. 落葉高木 c. ～8m	針葉樹。浅水から乾燥した陸地まで育つ。円錐形の樹形が美しい。浅水や湿地では幹の周りに気根が発達する。	☼/☽ ♦♦♦
	サワグルミ	a. クルミ科 b. 落葉高木 c. ～8m d. 花4～5月	湿地でも生育可能。春に白い花穂を垂らす。実は小さく食用にはならない。食用になるのはオニグルミ。	☼ ♦♦♦
低木	イヌコリヤナギ	a. ヤナギ科 b. 落葉低木 c. ～3m	早春に白い花穂。枝が線的な株立ち形状。生育旺盛なので管理に注意が必要。	☼ ♦♦♦
	ハギ	a. マメ科 b. 落葉低木 c. ～2m d. 花7～9月	夏に小さな風情のある花で花色は多彩。枝が枝垂れた株立ち形状。乾燥地にも強い。生育旺盛なので管理に注意が必要。	花 ☼ ♦

湿生・抽水植物	ミソハギ	a. ミソハギ科 b. 落葉多年草 c. 0.8〜1.2m d. 花7〜9月	浅水から湿った陸地に育つ。夏から秋口に鮮やかな赤紫の花。地下茎で増える。盆花。	花 ☀ 💧💧💧
	セキショウ	a. ショウブ科 b. 常緑多年草 c. 0.2〜0.3m	浅水から湿った陸地に育つ。線状の葉は光沢があり美しい。剛健な性質。	☀/☁ 💧💧💧
	アヤメ	a. アヤメ科 b. 落葉多年草 c. 0.4〜0.8m d. 花5月	湿った陸地に育つ。春に鮮やかな青花。花弁に編目模様。	花 ☀/☁ 💧💧💧
	クレソン	a. アブラナ科 b. 常緑多年草 c. 0.4〜0.8m d. 花5月	浅水・湿地に育つ。春に白い小さな花。葉は食用で辛みと香りがよい。水槽での生育も可。	食 ☀/☁ 💧💧💧
浮葉植物	ヒメスイレン	a. スイレン科 b. 落葉多年草 c. 0.1〜0.2m d. 花5〜9月	地中に根を張り水面に葉を浮かべる。花色は白、淡紅など。葉に大きな切込みがある。	花 ☀ 💧💧💧
	アサザ	a. ミツガシワ科 b. 落葉多年草 c. 0.1〜0.2m d. 花5〜9月	地中に根を張り水面に葉を浮かべる。花は小さく黄色。繁殖力が高いので管理に注意が必要。	花 ☀ 💧💧💧

(16) 土を肥やす・作物を育てる

化学肥料を使わずにやせた土地の肥料になる植物や、
農薬を使わずに作物の害虫を減らすことのできる植物

[緑肥植物] 根根粒菌の働きで窒素を植物体内に取り込むため、生育後にそのまま土に鋤き込むことでやせた土地の肥料になる植物。ただし、放置すると庭全体を覆うほど生育旺盛なものが多いので注意。

[バンカープランツ] 害虫被害を減少させる目的で、作物のそばに植える植物。作物の害虫(アブラムシ等)およびその天敵(テントウムシ等)をその植物のほうに寄せ集め、食物連鎖を利用して作物の害虫被害を減少させる。

[コンパニオンプランツ] ある作物の脇に植えておくと、つくろうと思う作物の収穫量が増大する植物。根圏の微生物活動が利用されていると考えられている。

緑肥植物	レンゲソウ	a.マメ科 b.一年草 c.10〜20cm d.花4〜5月	秋に播種して翌春に開花。雑草を抑制する。花後は土に鋤き込み緑肥になる。	花 ☀ 💧💧💧
	ヘアリーベッチ	a.マメ科 b.ツル性一年草 c.〜50cm d.花4〜5月	秋に播種して翌春に開花。葉はカラスノエンドウに似る。雑草を抑制する。夏に自然枯死後は土に鋤き込み緑肥になる。	花 ☀ 💧💧💧
	ルピナス	a.マメ科 b.一年草 c.50〜100cm d.花3〜6月	秋に播種して翌春に開花。穂状の鮮やかな花が美しい。花後は土に鋤き込み緑肥になる。	花 ☀ 💧💧💧

緑肥植物	コスモス	a. キク科 b. 一年草 c. 40〜100cm d. 花7〜11月	春に播種して夏から秋に開花。花が可憐で美しい。花色は多彩。花後は土に鋤き込み緑肥にする。播種を遅らせて草丈を低くもできる。	花 ☼ ◊◊◊
バンカープランツ	ソルガム	a. イネ科 b. 一年草 c. 150〜300cm	モロコシとも呼ばれる。作物（ナスなど）につく害虫（アブラムシ）を捕食する天敵（テントウムシ）を集めて作物を保護する。	☼ ◊◊◊
	コムギ	a. イネ科 b. 一年草 c. 80〜120cm	作物（ナスなど）につく害虫（アブラムシ）を捕食する天敵（テントウムシ）を集めて作物を保護する。	食 ☼ ◊◊◊
	カラスノエンドウ	a. マメ科 b. ツル性一年草 c. 60〜90cm	作物（ナスなど）につく害虫（アブラムシ）を捕食する天敵（テントウムシ）を集めて作物を保護する。	☼ ◊◊◊
	ヨモギ	a. キク科 b. 多年草 c. 50〜100cm	作物（ナスなど）につく害虫（アブラムシ）を捕食する天敵（テントウムシ）を集めて作物を保護する。	食 ☼ ◊◊◊
コンパニオンプランツ	ニラ	a. ネギ科 b. 多年草 c. 30〜40cm	ジャガイモ、ピーマンなどナス科全般の生育を助ける。	食 ☼ ◊◊◊
	トウガラシ	a. ナス科 b. 一年草 c. 60〜80cm	レタス、キャベツ、スイカ、ズッキーニなどにつく害虫を遠ざけ、生育を助ける。	食 ☼ ◊◊◊
	ネギ	a. ネギ科 b. 多年草	ウリ科、ナス科につく害虫を遠ざけ、生育を助ける。	食 ☼ ◊◊◊
	カモミール	a. キク科 b. 多年草	タマネギ、キャベツ、ハクサイなどにつく害虫を遠ざけ、生育を助ける。	花 ☼ ◊◊◊

(17) 食べられる緑…果樹・ハーブ

果樹やハーブなど、食用に利用できる植物

食
+

高木の果樹	レモン	a. ミカン科 b. 常緑小高木 c. 〜4m d. 収穫10〜11月	初夏に香りのよい白い花。葉は濃緑で厚い。寒さに弱い。とげがある。	香り ☼ ◊◊◊
	ナツミカン	a. ミカン科 b. 常緑小高木 c. 〜4m d. 収穫5〜6月	初夏に香りのよい白い花。葉は濃緑で厚い。晩秋の実は酸味が強く、収穫は翌年の初夏。やや寒さに弱い。とげがある。	香り ☼ ◊◊◊
	ビワ	a. バラ科 b. 常緑小高木 c. 〜4m d. 収穫6月	橙色の甘い果実。葉は濃緑で大きい。花は晩秋に咲き、白い。やや寒さに弱い。	☼ ◊◊◊

分類	名前	特徴	説明	アイコン
高木の果樹	イチジク	a. クワ科 b. 落葉小高木 c. 〜4m d. 収穫6〜7月、9〜10月	甘い果実で夏と秋の2度収穫できる。葉は大きく掌状の形。やや寒さに弱い。鳥やテッポウムシによる食害に注意が必要。	☼ ♦♦♦
高木の果樹	フェイジョア	a. フトモモ科 b. 常緑小高木 c. 〜4m d. 収穫10月	初夏に赤花。秋にパイナップルのような風味の果実。葉裏は銀白色で生垣にもなる。結実には他品種を混植する。やや寒さに弱い。	☼ ♦♦♦
高木の果樹	オリーブ	a. モクセイ科 b. 常緑小高木 c. 〜4m d. 収穫11月	葉は革質で細長く、葉裏は銀白色。秋に黒紫色の実が熟す。生食は不可能。シンボルツリーにもなる。結実には他品種を混植する。	彩 ☼ ♦♦♦
低木の果樹	ブルーベリー	a. ツツジ科 b. 落葉低木 c. 〜1.5m d. 収穫6〜8月	葉は明るい緑で秋に鮮やかに紅葉。実は夏に黄緑色から青紫色に変化。結実には他品種を混植する。	紅葉 ☼ ♦♦♦
低木の果樹	ラズベリー	a. バラ科 b. 落葉低木 c. 〜1.5m d. 収穫6〜7月	夏に収穫。キイチゴの仲間。とげがある。**品種→ボイセンベリー:とげなし。ツル。フェンス緑化に向く。**	☼ ♦♦♦
ハーブ	ゲッケイジュ	a. クスノキ科 b. 常緑高木 c. 〜10m	葉を乾燥させて料理の香辛料にする。葉は厚く濃緑で傷つけると芳香がする。成長が早い。生垣にも向く。	壁 ☼ ♦♦♦
ハーブ	ローズマリー	a. シソ科 b. 常緑低木 c. 〜0.8m d. 花2〜10月	乾燥させて香辛料にする。葉は繊細で芳香がする。長い期間、青紫色の花を咲かせる。立性と這性がある。管理は容易だがやや高温多湿に弱い。	花 ☼ ♦♦♦
ハーブ	ミント類	a. シソ科 b. 多年草 c. 0.2〜0.8m d. 花6〜9月	乾燥させてお茶や香辛料にする。地下茎で広がる。**品種→ペパーミント:清涼感のある香り。アップルミント:リンゴのような甘い香り。**	床 香り ☼/☾ ♦♦♦
ハーブ	タイム類	a. シソ科 b. 常緑低木 c. 0.1〜0.4cm d. 花5〜7月	葉は小さく初夏に小花。乾燥させて香辛料にする。**品種→コモンタイム:立性。クリーピングタイム:這性。シルバータイム:立性、斑入り葉。**	床 香り ☼/☾ ♦♦♦
ハーブ	セージ類	a. シソ科 b. 多年草 c. 0.3〜0.7m d. 花5〜6月	乾燥させてお茶や香辛料にする。**品種→コモンセージ:銀白色の葉、初夏に青紫の花。ゴールデンセージ:明るい黄斑入りの葉。**	花 ☼ ♦♦♦
ハーブ	チャイブ	a. ユリ科 b. 多年草 c. 0.2〜0.4m d. 花5〜7月	生葉を料理の薬味にする。ネギの仲間。葉は細い円筒形で中空。初夏に赤紫のボール状の花が美しい。	花 ☼/☾ ♦♦♦

おわりに

　たくさんの植物の知識がないと、緑の空間がつくれないのではないかと思っている読者のために、手軽にメンテナンスをかけることなく緑の空間をつくる本を考えてみた。緑の種類を極力少なくし、さまざまな空間に転換できることを前提に書き出してみたが、緑を扱う技法もさることながら、樹種の選定にことのほか時間がかかり、当初予定していた樹種数に収めることができなかった。この困難な選定に当たっては、仕事上のパートナーである山口譲二氏、スタッフの白井健太郎君に多いに世話になった。

　また、具体的な空間事例に関しては緑でつくることができる空間は多様にあり、すべてに言及しているとは思っていない。その意味では本書は未完成であり、今後充実させる意味でも読者の具体的実例、忌憚ない意見をいただき、機会があればそれを反映したい。

　最後になるが、本書の実現に大きな機会を与えていただいた中神和彦さんと、なかなか、進まない執筆者に我慢しておつきあいいただいた彰国社編集部の皆さんに謝辞を申したい。

主な参考文献

小沢知雄・近藤三雄著
『グランドカバープランツ──地被植物による
緑化ハンドブック』
誠文堂新光社、1987

大橋治三著
『茶庭──大橋治三写真集』
グラフィック社、1989

小林達治著
『自然と科学技術シリーズ　根の活力と根圏微生物』
農山漁村文化協会、1986

立花吉茂著
『植物屋のこぼれ話』
淡交社、1990

川上幸男・山本紀久編
『花グランドカバー　景観デザインと利用管理シート』
ソフトサイエンス社、1991

三浦金作著
『広場の空間構成──イタリアと日本の比較を通して』
鹿島出版会、1993

加藤僖重・会田民雄著
『ポケット図鑑　日本の樹木』
成美堂出版、1994

小橋澄治・村井宏編
『のり面緑化の最先端──生態、景観、安定技術』
ソフトサイエンス社、1995

川上幸男・鷲尾金弥著
『花の造園──都市空間のフロリスケープ』
(財)経済調査会、1996

横井政人著
『カラーリーフプランツ──葉の美しい植物の図鑑』
誠文堂新光社、1997

有田博之・藤井義晴編著
『畦畔と圃場に生かすグラウンドカバープランツ──
雑草抑制・景観改善・農地保全の新技術』
農山漁村文化協会、1998

(財)都市緑化技術開発機構グランドカバー共同研究会編
『グランドカバー緑化ガイドブック』
鹿島出版会、2000

峰岸正樹著
『庭木の自然風剪定』
農山漁村文化協会、2001

建築思潮研究所編
『屋上緑化・壁面緑化─
環境共生への道(建築設計資料)』
建築資料研究社、2002

秋山弘之著
『苔の話─小さな植物の知られざる生態(中公新書)』
中央公論新社、2004

ポール・スミザー、日乃詩歩子著
『日陰でよかった！　ポール・スミザーのシェードガーデン』
宝島社、2008

麻生健著
『畑の達人　土づくりひとつで味が違う』
万来舎、2010

グラフィック社編集部編
『ベランダガーデニング植物ガイド』
グラフィック社、2010

ポール・スミザー著
『オーガニックでここまでできる！
「シーズンズ」の庭づくり12ヶ月』
阪急コミュニケーションズ、2010

金田洋一郎著
『新ヤマケイポケットガイド11　庭木・街路樹』
山と渓谷社、2011

徳野雅仁著
『野菜の自然栽培入門』
学習パブリッシング、2011

(社)日本植木協会編
『新樹種ガイドブック─新しい造園樹木』
(財)建設物価調査会、2011

岩崎哲也著『ポケット図鑑　都市の樹木433』
文一総合出版、2012

木村秋則・石川拓治著
『土の学校』
幻冬舎、2013

索引

[あ]

アイストップ 38
アプローチ 54
アルカリ度 83
アレロパシー 25・82
居久根 62
生垣 8・10
ヴィラ 30
ヴィラ建築 30
ヴェルサイユ宮殿 30
ヴォージュ広場 16
ウインターオーバーシーディング 22
植込み密度 82
塩化カルシウム水溶液 76
屋上緑化 72
納まり 12
温暖化問題 3

[か]

垣入 62
皆伐 51
回遊式庭園 38・44
果樹畑 71
風 16
加里 60・83
枯山水 76
街路樹 20
貴人石 36
客石 36
疑似植物 47
逆遠近法 43
仰角 18
クリストファー・アレグザンダー 70
継起 38
光合成 66
コニファー類 11
根圏 59
コンパニオンプランツ 59

[さ]

里山 40
サンクフェンス 47
3大要素 83
シェーンブルン宮殿 48
紫外線 16
自然形 50
枝垂れ 50
支柱 81

芝付き 81
借景庭園 14
収縮色 43
小高木 42
植栽基盤 78
植物の形 83
シンボルツリー 54
軸組構法 26
地盤改良 83
樹形 19
樹高 81
常緑 42
常緑樹 10・29
すかし 51
住吉の松 54
整形樹木 30
生態的 15
積算日照時間 58
剪定 51

[た]

高生垣 8
高垣 62
多孔パイプ 75
棚田 78
大名庭園 48
蓄熱 65
地形 42
窒素 83
中山間地 3・40
抽水植物 46
築地松 62
通風 42
ツル植物 11
亭主石 36
テラス式庭園 30
踏圧 10
都市景観 30
飛び石 36・60
トピアリー 52
トレリス 27・64
土壌検査 60・83
土壌の水はけ 83

[な]

夏シバ 22
並木道 15
日照 42
日本庭園 48

根鉢 81
根巻き 81

[は]

ha-ha(ハハァ) 14
バンカープランツ 59
パーゴラ 64
ハーブ 60
日除け 26
ファスティギアータ 50・82
不透水層 44
浮遊植物 46
冬シバ 22
武家屋敷 56
プライバシー 16
プロストラータ 82
閉塞感 18
pH(ピーエイチ、ペーハー) 58
ペンデュラ 50・82
埃 16
補助構造材 10
匍匐性 14・25・80
膨張色 43
防風 26

[ま]

マント植生 33・80
幹巻き 82
水資源 44
迷路庭園 8
目通り 81
メルテンス 18
メンテナンス 24
モザイカルチャー 52・82
物見石 36

[や]

薬用酒 60

[ら]

落葉 42
落葉樹 10
リン酸 60・83
ル・ノートル 36
ルネサンス 52
連作障害 58

103

[著者紹介]

井上洋司(いのうえようじ)
1949年　東京都生まれ
1975年　工学院大学大学院工学研究科建築学専攻修士課程修了
1979年　背景計画研究所設立。現在に至る
ランドスケープアーキテクト、景観育成活動／ART in FARM主宰

主な作品：成田山新勝寺表参道修景計画、横須賀駅周辺地区ランドスケープ、
長野冬季オリンピック選手村（今井ニュータウン）ランドスケープなど

主な著書：『まちを再生する99のアイデア』（共著、彰国社）、
『日本の都市環境デザイン'85～'95』（共著、学芸出版社）、
『雨の建築学』（共著、北斗出版）、『雨の建築術』（共著、技報堂出版）など

[写真クレジット]

山本紀久：p.14下　彰国社編集部：p.44上　彰国社写真部：p.54
上記以外はすべて著者

ローメンテナンスでつくる　緑の空間
2014年 5月10日　第1版　発　行

著　者　井　上　洋　司
発行者　下　出　雅　徳
発行所　株式会社　彰　国　社

162-0067　東京都新宿区富久町8-21
電話　　03-3359-3231（大代表）
振替口座　　00160-2-173401
印刷：真興社　製本：中尾製本

著作権者との協定により検印省略

自然科学書協会会員
工学書協会会員

Printed in Japan
©井上洋司　2014年

ISBN 978-4-395-32014-1 C3052　　http://www.shokokusha.co.jp

本書の内容の一部あるいは全部を、無断で複写（コピー）、複製、および磁気または光記録
媒体等への入力を禁止します。許諾については小社あてご照会ください。